Pferde richtig ausbilden

Von der
Losgelassenheit bis
zur Versammlung

Lesen
Lernen
Wissen

Anne-Katrin Hagen

Pferde richtig ausbilden

Von der Losgelassenheit bis zur Versammlung

CADMOS

Impressum

Copyright © 2011 by Cadmos Verlag, Schwarzenbek
Gestaltung: Ravenstein + Partner, Verden
Satz: Das Agenturhaus, München
Lektorat: Anneke Bosse

Coverfoto: Julia Wentscher
Fotos im Innenteil ohne Fotonachweis: Karen Diehn
Zeichnungen: Anne-Katrin Hagen, Christina Krumm, Eva Polsterer

Druck: Westermann Druck, Zwickau

Deutsche Nationalbibliothek – CIP-Einheitsaufnahme
Die Deutsche Nationalbibliothek verzeichnet diese Publikation in der Deutschen Nationalbibliografie; detaillierte bibliografische Daten sind im Internet über http://dnb.ddb.de abrufbar.

Printed in Germany

ISBN 978-3-8404-1503-6

Einleitung

Ein Pferd auszubilden ist eine faszinierende Aufgabe. Man sollte sich aber bewusst machen, dass gerade am Anfang der Ausbildung ein hohes Maß an Verantwortung sich selbst als Reiter und dem jungen Pferd gegenüber bestehen muss. Werden gleich zu Beginn grobe Fehler gemacht, ist das so, als wenn beim Schiffbau der Kiel, der ja die Grundlage eines Schiffes ist, nicht gerade ist oder andere Fehler aufweist: Es würde später unweigerlich zum Schiffbruch kommen!

An die Ausbildung eines Pferdes sollte sich deshalb nur derjenige Reiter wagen, der einen unabhängigen, geschmeidigen Sitz hat und auch jungen, übermütigen und unberechenbaren Pferden ohne Angst begegnet. Junge Pferde sind häufig sehr schreckhaft, weil sie noch wenig von ihrem Umfeld kennen, und sie haben manchmal eine überschäumende Lebensfreude. Sie sind wie ein Schiff ohne Ruder, denn sie können die Hilfen eines Reiters noch nicht verstehen und deswegen auch nicht annehmen.

Der Reiter sollte möglichst viel Erfahrung auf vielen unterschiedlichen Pferden gesammelt haben. Ein Reiter, der sich zutraut, ein junges Pferd auszubilden, sollte selbst eine solide Ausbildung gehabt haben. Jeder, auch der Reiter mit viel Erfahrung, darf sich nicht scheuen, einen guten Ausbilder um Rat zu fragen!

Ein unerfahrenes Pferd braucht einen erfahrenen Reiter, und der unerfahrene Reiter lernt auf einem gut ausgebildeten Pferd!

Man muss sich immer vor Augen halten, dass das Pferd eines der edelsten Tiere der Schöpfung ist. Bei aller Liebe zum Pferd und bei aller Begeisterung für seine Schönheit hüte man sich vor Vermenschlichung. Das Pferd ist ein Pferd – es denkt, fühlt und handelt wie ein Pferd. Die Herde ist seine Gemeinschaft (Familie) und die Flucht ist seine Überlebensstrategie. Der Mensch, der mit ihm umgeht, muss sich darauf einstellen!

Der Fluchtinstinkt ist auch bei unseren Hauspferden noch vorhanden, wenn auch unterschiedlich stark ausgeprägt. Mit Strafen kann man diesen Instinkt nicht unterdrücken. Da hilft nur, ein möglichst großes Vertrauen aufzubauen. In einer Pferdeherde, auch auf unseren Koppeln, herrscht eine strenge Rangordnung. Das Leittier, das ist meistens eine Stute, wird von allen anderen Mitgliedern der Herde respektiert. Für den Reiter, der sich an die Aufgabe wagt, ein junges Pferd auszubilden, bedeutet das, dass er die Rolle des Leittiers übernehmen muss. Menschen, die hierfür kein Gefühl haben, lösen in einem Pferd Verwirrung und Unsicherheit aus. Der Reiter muss sich also von Anfang an Respekt verschaffen und Vertrauen aufbauen, denn hat ein Pferd herausgefunden, dass es dem Menschen an Kraft (und Intelligenz?) überlegen ist, wird es dies ausnutzen, wann immer ihm danach zumute ist. Das kann ein großes Problem bei der weiteren Ausbildung werden.

Die Leitstute darf als erstes Tier an die Tränke und kommt als Erste an das Gatter, wenn es heim in den Stall geht. Wenn das Leittier kommt, machen alle anderen Platz. (Zeichnung: Krumm)

Das Ziel der Ausbildung

Bevor man sich entscheidet, sein Pferd selbst auszubilden, sollte man sich einige Gedanken machen: Welches Ziel soll möglichst erreicht werden? Wie komme ich diesem Ziel am nächsten? Wie möchte ich vorgehen?

Am Ende einer systematischen Grundausbildung, die ungefähr zwei Jahre in Anspruch nimmt, sollte das Pferd schöner geworden sein. Es hat Muskeln an den richtigen Stellen aufgebaut und seine Bewegungen sind zwanglos und elastisch. Sein Ausdruck ist stärker geworden und es hat an Ausstrahlung gewonnen. Es soll locker, schwungvoll und mit dem ihm eigenen Charme in allen Grundgangarten und Lektionen gehen. Es soll vertrauensvoll im Gelände, im Straßenverkehr und über normalen Sprüngen minimalen Hilfen seines Reiters folgen. Kurz: „Es soll angenehm zu reiten sein" (François Robichon de la Guérinière, 1688–1751).

Wenn man ein Haus bauen möchte, beginnt man mit einem soliden Fundament. Ist das Fundament nicht tragfähig, wächst mit jedem Stockwerk die Gefahr, dass das Gebäude zusammenbricht. Genauso ist es auch mit der Ausbildung eines jungen Pferdes. Die Basisausbildung ist die elementare Grundlage für jede weitere Ausbildung eines jungen Pferdes, wobei es gleichgültig ist, in welcher Disziplin das Pferd später einmal eingesetzt werden soll.

Dazu ist eine breit gefächerte, vielseitige Ausbildung nötig. Die Dressurarbeit (besser wäre es, „Gymnastikarbeit" zu sagen) ist dabei die unverzichtbare Basis. Es gibt nur einen Weg zu diesem Ziel, nämlich die klassische Ausbildung. Diese Methode hat sich seit Xenophon (400 v. Chr.) im Prinzip nicht verändert. Die Definition der internationalen reiterlichen Vereinigung (FEI) für klassische Ausbildung lautet: „Das Ziel ist die harmonische Entwicklung der natürlichen Anlagen und Fähigkeiten des Pferdes. Sie bezweckt gleichermaßen ein ruhiges, gehorsames und schwungvolles Pferd und damit eine vollkommene Einheit mit seinem Reiter. […]

Zu einer breit gefächerten Ausbildung gehört auch, dass das junge Pferd lernt, sich vertrauensvoll im Gelände reiten zu lassen.

Das Pferd vermittelt den Eindruck, als führe es die von ihm geforderten Aufgaben freiwillig, ohne jeden Zwang aus. Voller Vertrauen und mit größter Aufmerksamkeit folgt es gehorsam den Hilfen des Reiters."

Der Weg zu diesem Ziel ist lang und fordert vom Reiter viel Disziplin, Ausdauer und noch mehr Geduld. Nur ein sinnvolles Konzept in kleinen Schritten, die aufeinander aufbauen, kann der Weg sein. Jede Abkürzung dieses Weges („Tipps und Tricks" oder „Der Guru rät") führt unweigerlich in die Irre. Es dauert viel länger, Ausbildungslücken oder gar -schäden wieder auszubügeln. Oft lassen sich die Folgen solcher Sünden gar nicht mehr beheben, und das Pferd ist in seiner Psyche oder physisch für sein ganzes, dann häufig nur sehr kurzes Leben geschädigt.

Wie eine Überschrift muss an erster Stelle der Ausbildungsziele die körperliche und mentale Gesunderhaltung des Pferdes stehen. Jede Überforderung muss vermieden werden, denn sie schadet dem Pferd. Man muss sich im Klaren darüber sein, dass ein Pferd, wenn es drei- oder besser vierjährig in die Ausbildung kommt, zwar schon groß ist, aber das Wachstum noch nicht abgeschlossen ist. Die Gelenke, Sehnen und Bänder sind noch nicht gefestigt. Nicht einmal das Gebiss ist fertig ausgebildet. Ein drei- bis vierjähriges Pferd entspricht vom körperlichen Entwicklungsstand her etwa einem zwölfjährigen Kind. Genau wie ein Kind kann sich das junge Pferd auch noch nicht über längere Zeit konzentrieren. Es sind also wirklich „kleine Schritte" nötig, wenn das junge Pferd gehfreudig, aufmerksam und vertrauensvoll mitarbeiten soll.

FN-Ausbildungsskala und Trainingsbaum

Anfang der 1950er-Jahre wurden bei der Reiterlichen Vereinigung in Warendorf die Richtlinien für Reiten und Fahren entwickelt. In diesen Richtlinien wurde zum ersten Mal die Skala der Ausbildung veröffentlicht. Sie basiert auf Gustav Steinbrechts (1808–1886) „Gymnasium des Pferdes" mit dem Leitsatz: „Reite dein Pferd vorwärts und richte es gerade." Das Buch erschien posthum 1886. Aus dieser Lehre entwickelte nun Hans von Heydebrecht (1866–1935) zusammen mit einer Kommission die Heeresdienstvorschrift (HDV). Diese Ausbildungsskala ist bis heute unverändertes Lehrgut in allen offiziellen Lehrbüchern der FN (Reiterliche Vereinigung).

Inzwischen sind aber über 70 Jahre ins Land gegangen. Die Erfahrung bei der Arbeit mit jungen Pferden und die veränderten Anforderungen im heutigen Reitsport haben es notwendig gemacht, die Ausbildungsskala neu zu überdenken und zu erweitern. Kurd Albrecht von Ziegner, Jahrgang 1918, Kavallerieoffizier und hoch dekorierter Spring- und Dressurreiter, war an der Erarbeitung der Ausbildungsskala beteiligt. Sein Leben lang hat er sich mit der Ausbildung junger Pferde bis zur höchsten Klasse beschäftigt und sich über den sinnvollsten, weil auch schonendsten Weg dorthin Gedanken gemacht. Er hat die FN-Ausbildungsskala um vier Punkte erweitert und die Reihenfolge der einzelnen Schritte etwas verändert. So ist ein schlüssiges Konzept der „kleinen Schritte" – von

Ziegner nennt sie „Elemente“ – entstanden, das ein sicheres Aufbauen vom Leichten zum Schweren ermöglicht. Ein Element baut jeweils auf dem anderen auf. Er nennt seine Skala der Ausbildung den Trainingsbaum.

Beide Ausbildungskonzepte unterteilen sich in drei große Blöcke. Der erste Block ist die Gewöhnungsphase, in welcher das Pferd erzogen wird. Schon das Fohlen sollte an ein Halfter gewöhnt werden und sich anbinden

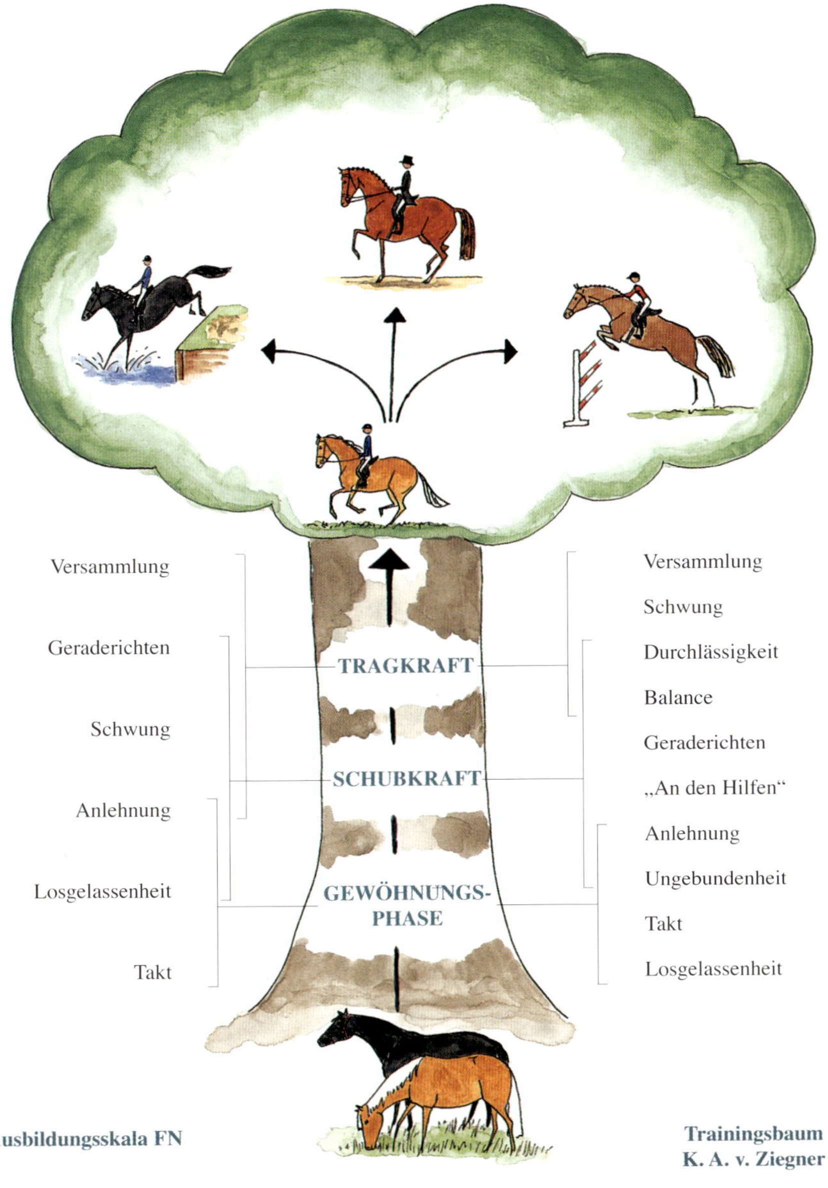

lassen. Hufe aufheben und das Putzen sind ihm vertraut. Ist es etwa drei Jahre alt geworden, sollten Decken, Trense und Longiergurt selbstverständlich geworden sein. Es lernt an der Longe gearbeitet zu werden. Das erste Anlongieren muss mit viel Sachkenntnis geschehen, denn viele Schäden des Bewegungsapparates entstehen durch unsachgemäßes, zu lange andauerndes Longieren.

Das Anreiten ist eine sehr einschneidende Erfahrung für das junge Pferd. Hier muss man mit viel Geduld, Einfühlungsvermögen und Sachkenntnis vorgehen, sonst werden in diesem Stadium schon schwere Fehler gemacht, die sehr oft ein ganzes Pferdeleben lang nicht mehr zu beheben sind.

Die FN-Ausbildungsskala beginnt mit der Erarbeitung des Taktes, dann folgen die Losgelassenheit und danach die Anlehnung. Takt und Losgelassenheit sind nicht voneinander zu trennen – das eine geht ohne das andere nicht.

Der Trainingsbaum sieht als erste Stufe die Losgelassenheit, gefolgt vom Takt. Unter dem ungewohnten Reitergewicht lernt das Pferd, sich allmählich zu entspannen (Losgelassenheit) und es lernt, sich mehr und mehr taktrein (Takt) mit raumgreifenden Gängen zu bewegen. Die Ungebundenheit der Gänge ist die erste Zwischenstufe, die der Trainingsbaum vorsieht. Dabei tritt das Pferd allmählich immer sicherer an das Gebiss heran und nimmt eine feine Verbindung zur Reiterhand auf (Anlehnung).

Der zweite Block ist die Entwicklung der Schubkraft. Er ist mit dem ersten Block so verzahnt, dass man ihn nicht davon trennen sollte. Alle folgenden Punkte bauen sowohl bei der Ausbildungsskala als auch beim Trainingsbaum auf dem ersten Block auf. Damit das Pferd Schubkraft aus der Hinterhand entwickeln kann, muss es eine sichere Anlehnung an die Reiterhand gefunden haben und es muss sicher an den Hilfen stehen. Das Pferd sicher an die Hilfen zu stellen ist ein besonderer Punkt im Trainingsbaum. Das heißt, dass es Gewichts-, Schenkel- und Zügelhilfen problemlos akzeptiert. Dann kann das Pferd mehr und mehr geradegerichtet werden und findet dadurch eine bessere Balance: Es lernt, sich spurtreu (die Hinterhand tritt genau in die Spur der Vorhand) in Wendungen und Volten zu bewegen. In der Ausbildungsskala wird die Schwungentfaltung noch vor dem Geraderichten genannt. Gemäß dem Trainingsbaum müssen erst Geraderichten, die Balance und die Durchlässigkeit sicher erarbeitet werden.

Der dritte Block gilt der Entwicklung der Tragkraft. Alle Punkte der vorangegangenen Blöcke (Anlehnung, Schwung und Geraderichtung gemäß der FN-Ausbildungsskala) müssen gefestigt werden. Nachdem das Pferd nun eine seitliche Balance gefunden hat, das heißt, es lässt sich problemlos stellen und biegen, kommt nun eine Balance von hinten nach vorn hinzu. Das Pferd lernt, die Hinterhand mehr unter den Schwerpunkt zu stellen, und nimmt damit mehr Last auf. Das ist aber nur möglich, wenn das Pferd durchlässig ist. Das bedeutet, dass halbe und ganze Paraden von hinten nach vorn durch das ganze Pferd fließen. Es lässt somit gute Übergänge zu und ist „bequem“ zu reiten. Aus den Übergängen, auch innerhalb einer Gangart, entfaltet sich der Schwung. Indem der Schwung nach vorn bei einem durchlässigen Pferd aus der Hinterhand nach vorn abgefangen wird und das Pferd dadurch vermehrt die Hinterhand untersetzt, entsteht allmählich die Versammlung mit der „relativen Aufrichtung". Die Hinterbeine treten mehr unter den Schwerpunkt, die Kruppe senkt sich und die Vorhand richtet sich auf. Die Gänge werden erhabener.

Im Prinzip gleichen sich beide Ausbildungsskalen. Der größte Unterschied liegt darin, dass der Schwung im Trainingsbaum viel weiter am Ende der Skala liegt.

Bei der FN-Ausbildungsskala bilden alle einzelnen Punkte zusammengenommen die Durchlässigkeit. Ohne Losgelassenheit ist eine Durchlässigkeit nicht möglich. Deshalb muss an der Durchlässigkeit als ganz wichtigem einzelnem Punkt ständig gearbeitet werden. Sonst können Schwungentfaltung und damit Versammlung nicht erreicht werden.

Nur ein psychisch und physisch entspanntes Pferd ist losgelassen und damit durchlässig!

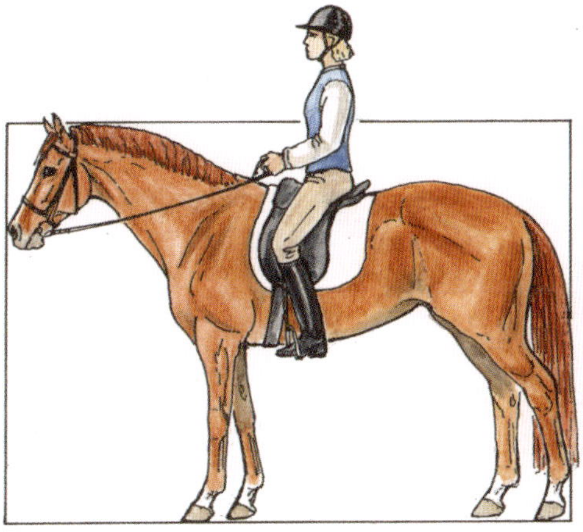

Phase A

Phase B

Phase C

Die drei Phasen, wie Kurd Albrecht von Ziegner sie definierte:
Phase A: Gewöhnungsphase
Phase B: An den Hilfen
Phase C: Versammlung
(Zeichnung: Polsterer)

Unverzichtbare Grundlagen: von Losgelassenheit bis Anlehnung

Die ersten Punkte des Trainingsbaums sind so wichtig, dass ohne sie nicht einmal Spazierenreiten eine Freude für Reiter und Pferd wäre. Losgelassenheit, Takt, Ungebundenheit der Gänge und Anlehnung sind als Gewöhnungsphase die Basis jeglicher Betätigung im

Sattel. Diese vier Punkte greifen so ineinander, dass man sie nicht trennen kann: Sie bedingen einander, und der eine geht ohne den anderen nicht. Kurd Albrecht von Ziegner bezeichnet diese Elemente als Phase A.

Losgelassenheit

Die Losgelassenheit des jungen Pferdes muss an erster Stelle stehen, denn sie ist die Grundlage jeder weiteren Ausbildung. Angst, Nervosität, Schmerzen oder Stress sind Ursachen für Verspannungen. Ständige Verspannungen können zu Muskelverkrampfungen führen, sodass das Pferd die Tritte verkürzt, taktunrein wird und womöglich mit Unbehagen bis zur Widersetzlichkeit reagiert. Nur ein entspanntes, losgelassenes Pferd ist in der Lage, Neues zu lernen. Losgelassenheit bedeutet auch Ruhe, Vertrauen und Zufriedenheit.

Ein losgelassenes Pferd geht mit schwingendem, aufgewölbtem Rücken. Der Hals hat genügend Raum für eine Dehnungshaltung, der Gesichtsausdruck ist zufrieden und zwischen den Lippen zeigt sich ein Schaum-

Nur ein entspanntes und losgelassenes Pferd kann etwas Neues lernen.

kranz. Der Bewegungsablauf ist gleichmäßig und taktrein. Wenn das Pferd dann auch noch abschnaubt, kann der Reiter zufrieden sein: Das Pferd fühlt sich wohl!

Warum Losgelassenheit bis in die höchste Ausbildungsstufe so grundlegend wichtig ist, wird man verstehen, wenn man sich das Skelett eines Pferdes und die großen Muskelpartien einmal genau anschaut: Da gibt es zwei wesentliche Muskelgruppen. Eine große Muskelgruppe beginnt im Genick, bildet das große Nackenband und setzt sich als breites Band über den Rücken fort. Es verbreitet sich über der Kruppe und zieht hinab bis zu den Sprunggelenken. Die untere Muskelgruppe fängt im Bereich der Kehle an, läuft die untere Halsseite entlang und zieht sich von der Brust die gesamte Bauchdecke entlang über die Knie zum Unterschenkel bis zur Vorderseite der Sprunggelenke.

Das große Nackenband ist besonders wichtig. Es stabilisiert den Kopf und den Hals am Rumpf. Wenn man sich die dünne Kette der Halswirbelsäule in dem mächtigen Pferdehals anschaut, wird klar, welche Bedeutung diesem Band zukommt. Wenn das Pferd den Kopf senkt, also eine Dehnungshaltung einnimmt, zieht es den Rücken nach oben. Die Dornfortsätze werden auseinandergezogen und der Rücken kann schwingen.

Das junge Pferd spannt die obere Muskelgruppe an, sobald ein Reitergewicht seinen Rücken belastet. Da die Rückenmuskulatur sowohl mit den Hals- als auch mit den Kruppenmuskeln verbunden ist, wird der Hals nach oben gezogen und die Hinterhand herausgestellt. Die Bauch- und Unterhalsmuskulatur bleiben dagegen entspannt. Folglich hängt nun der Rücken durch und die Dornfortsätze kommen einander gefährlich

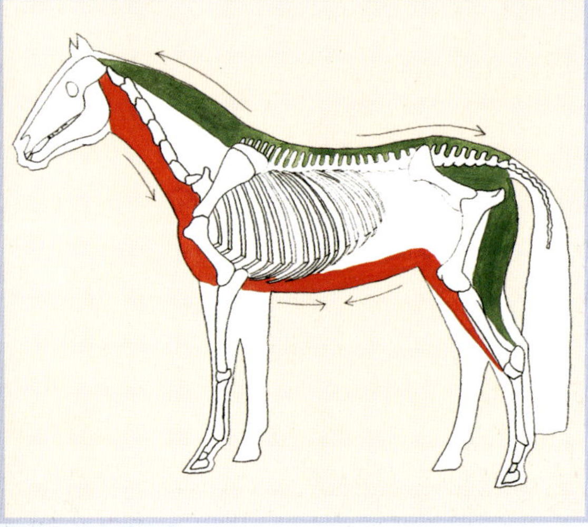

Der grüne Muskelstrang zeigt die Muskelgruppe, die nötig ist, um das Reitergewicht zu tragen, ohne dass das Pferd Schaden nimmt.

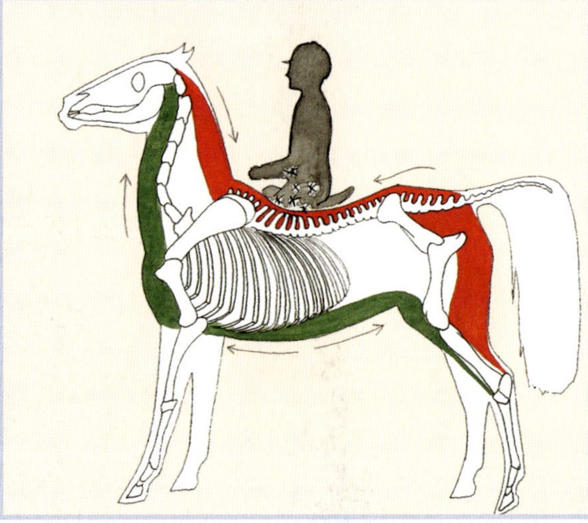

Und das passiert, wenn das Reitergewicht den Pferderücken belastet und die Bauchmuskeln nicht aktiviert werden. (Zeichnungen: Krumm)

nahe. Wenn dieser Zustand nicht durch eine geeignete, systematische Gymnastizierung behoben wird, kann es zur äußerst schmerzhaften Berührung der Dornfortsätze, dem sogenannten Kissing-Spines-Syndrom, kommen.

Jeder Muskel kann sich nur zusammenziehen. Um sich wieder zu entspannen, braucht er einen Gegenspieler. Beim Zusammenziehen verbraucht der Muskel Energie, also Sauerstoff, und beim Entspannen erholt er sich, weil er jetzt durchblutet wird und damit neuen Sauerstoff erhält.

Wenn ein Muskel über längere Zeit zusammengezogen bleibt, bekommt er keine Erholungsphase und keinen neuen Sauerstoff. Die Folge ist eine Verspannung, die sich bis zu schmerzhaften Muskelkrämpfen steigern kann.

Es geht also darum, eine Anspannung der unteren Muskelgruppen zu aktivieren, um eine Entspannung des oberen Muskelbandes zu erreichen. Deswegen ist die Dehnungshaltung des jungen Pferdes so unerlässlich. Durch sinnvolles Training werden die großen Muskelgruppen gestärkt und ermöglichen dem Pferd eine gesunde Entwicklung. Das Ergebnis ist, dass das junge Pferd allmählich belastbarer wird und in der Lage ist, mehr Leistung zu bringen.

Losgelassenheit ist Vertrauenssache

Das junge Pferd hat an der Longe bereits gelernt, losgelassen in allen drei Grundgangarten zu gehen. Bis jetzt war es mit einem Longiergurt, Trense und Kappzaum oder mit korrekt angelegten Dreieckzügeln ausgerüstet. Nun kommt zum ersten Mal der Sattel hinzu. Es ist wichtig, dass ganz vorsichtig in mehreren Stufen der Sattelgurt gut festgeschnallt wird. Er darf auf keinen Fall in der Bewegung verrutschen. Die Steigbügel werden zu Beginn entfernt. Erst wenn das junge Pferd den Sattel akzeptiert, hängt man die Bügel wieder ein und befestigt sie sicher.

Ist diese Hürde genommen, lässt man die Bügel herab, sodass sie in der Bewegung mitschwingen. Man geht immer nur einen Schritt weiter, wenn bis dahin völlige Losgelassenheit erreicht worden ist. Als Nächstes tut ein Sandsack, der auf den Sattel geschnallt wird und den man allmählich immer schwerer auffüllt, gute Dienste. Akzeptiert das Pferd das neue Gewicht und geht gleichmäßig, locker und taktmäßig weiter an der Longe, ist es an der Zeit, dass sich ein Mensch über den Sattel legt. Natürlich braucht man dazu einen Helfer. In großer Ruhe wird zuerst der Sandsack und später der Reiter in den Sattel gehoben und das Pferd wird geführt. Wenn man nicht mit äußerster Vorsicht und Sachkenntnis vorgehen sollte, verändert das ungewohnte Gewicht auf dem Rücken des Pferdes alles schlagartig und es entstehen Verkrampfungen.

Allmählich lernt das junge Pferd, sich unter dem Gewicht eines Reiters, auch wenn er noch nicht aufrecht im Sattel sitzt, im Schritt zu bewegen und seine Angst zu überwinden. Im Halten richtet sich der Reiter unter viel Lob vorsichtig auf, während der Helfer das Pferd an der Trense hält und beruhigt. Jetzt kommt es darauf an, dass sich das Pferd wieder ruhig in Bewegung setzt.

Ein beruhigend auf das Pferd einwirkender Helfer ist beim Kennenlernen des Reitergewichts unverzichtbar.

Der Mensch, der plötzlich über seinen Kopf ragt, kann das junge Pferd in Panik versetzen. Schließlich springen die natürlichen Fressfeinde in der Natur den Pferden auf den Rücken. Die Schenkel an seinen Rippen sind ihm unbekannt: Das arme Tier ist völlig verspannt. Es kann passieren, dass junge Pferde versuchen, sich durch Bocken zu befreien. Diese Situation muss unbedingt entschärft werden, weil sie sonst zu einem traumatischen Erlebnis für das junge Pferd werden kann.

Ist das geschafft, lernt das junge Pferd, den Reiter zu akzeptieren. Es ist ratsam, noch eine Zeit lang weiter an der Longe zu arbeiten. Dass man dabei den größtmöglichen Radius wählt, versteht sich von selbst: Ein zu kleiner Kreis würde die Gelenke eines so jungen Pferdes zu sehr belasten, und die Fliehkraft erschwert dem Reiter, im Gleichgewicht zu sitzen. Erst wenn Schritt und Leichttraben auf beiden Händen ohne Widerstand gelingen, kann die Longe gelöst werden.

Als Nächstes sollte die junge Remonte lernen, zunächst wieder mit einer Hilfsperson, ruhig stehen zu bleiben, wenn der Reiter auf- oder absitzt. Auch das fordert (Los-) Gelassenheit! Eine Aufsteighilfe ist ganz wichtig: Sie verhindert, dass das Reitergewicht zu lange im linken Bügel hängt, der Sattel seitlich heruntergezogen und das Pferd damit einseitig stark belastet wird. Außerdem ist eine Aufsteighilfe schonender für die Reiterknie.

Während der gesamten Anfangszeit wird vom Reiter sehr viel Geduld, Körperbeherrschung und Einfühlungsvermögen verlangt, denn unkontrollierte Freudensprünge sind ganz normal für ein junges Pferd. Das Einreiten ist deshalb keine Aufgabe für unfertige oder ängstliche Reiter! In den ersten Monaten der Grundausbildung ist es eine große Herausforderung für einen Ausbilder, die Losgelassenheit des Pferdes unter der ungewohnten Last des Reiters wiederherzustellen und seine natürlichen Gänge zu festigen.

Diese Phase der Ausbildung braucht Zeit, sie kann nicht verkürzt werden! Die benötigte Zeitspanne hängt vom Körperbau und von der nervlichen Verfassung des Pferdes sowie vom Können des Reiters ab. Wenn jetzt zu schnell vorgegangen wird, entstehen Schäden, die ein Pferdeleben lang nicht zu beheben sind.

Mit einer Aufsteighilfe lernt das junge Pferd, ruhig und entspannt stehen zu bleiben.

Zu Beginn wird im Entlastungssitz geritten. Bei dieser Art zu sitzen wird das Reitergewicht mehr auf Oberschenkel und Bügeltritt verteilt, sodass das Pferd den noch schwachen Rücken besser aufwölben kann, während der Reiter eventuelle Freudensprünge besser ausbalancieren kann. Am sinnvollsten ist es, am Anfang auf großen gebogenen Linien (Zirkel und ganze Bahn mit stark abgerundeten Ecken) zu reiten. Das kennt das junge Pferd bereits von der Longenarbeit. Außerdem könnte es auf einer langen Geraden zu leicht davonstürmen. Die Zügelhilfen müssen zu Beginn noch recht deutlich in die Richtung weisen. Ein junges Pferd wird in diesem Stadium mehr „gefahren" als geritten, weil es die Gewichts- und Schenkelhilfen noch nicht kennen kann.

Ist das Pferd in der Lage, seinen Hals und Rücken locker schwingen zu lassen und ruhig, vertrauensvoll und taktrein in seinen natürlichen Gängen vorwärtszugehen, wird es allmählich an das Gebiss herantreten, also eine Verbindung zur Reiterhand aufnehmen. Diesen Punkt darf man nicht verpassen, denn es sind die ersten Momente, in denen das Pferd eine Anlehnung sucht. Man muss dem Pferd erlauben, an das Gebiss heranzutreten, und nicht vor lauter Angst, eine zu feste Hand zu haben, ständig die Zügel durchhängen

Beim Entlastungssitz müssen die Bügel zwei bis drei Löcher kürzer geschnallt werden.

lassen. Werden die Augenblicke der beginnenden Anlehnung häufiger, werden auch die Zügelhilfen allmählich feiner. Jetzt wäre der Zeitpunkt, versuchsweise für kurze Zeit im Trab auszusitzen. Geht man vom Leichttraben zum Aussitzen über, so müssen die Knie fest an den Sattel geschlossen werden, um das Reitergewicht abzufangen. Hier ist Feingefühl gefragt: Nimmt das Pferd das volle Gewicht mit ohne den Takt zu verlieren und den Rücken anzuspannen? Wenn das nicht der Fall ist, muss man wieder leichttraben und es erneut versuchen. Zur Belohnung sollte man immer wieder die Zügel aus der Hand kauen lassen und eine Schrittpause einlegen, damit der Rücken sich entspannen kann. Das sollte man die gesamte Ausbildungszeit und darüber hinaus ein Pferdeleben lang seinem Pferd gönnen.

Abwechslung tut not

Sobald eine gewisse Festigkeit erlangt ist, sollte man damit beginnen, die tägliche Arbeit abwechslungsreicher zu gestalten. Beim Stangentreten lernt das junge Pferd hinzuschauen und wölbt dabei seinen Rücken auf. Am sinnvollsten führt man das junge Pferd über tief gelegte Cavaletti an die neue Aufgabe heran. Lose Stangen auf den Boden zu legen, ist zu gefährlich, weil sie wegrollen können. Man beginnt mit einer Stange und erweitert die Anzahl allmählich auf bis zu fünf Stangen, die mit den entsprechenden Abmessungen in allen drei Grundgangarten durchritten werden. Dadurch lernt das Pferd, einen Rhythmus zu finden. Wenn das gut klappt, werden die Cavaletti halbhoch und später ganz hoch gestellt. Die Arbeit über Stangen und Cavaletti ist für ein junges Pferd sehr anstrengend, kräftigt aber die gesamte Muskulatur, besonders die des Rückens. Stangenarbeit sollte deswegen nur in kurzen Intervallen erfolgen.

Jetzt sollte das junge Pferd bereits in der Lage sein, in einer Gruppe mit älteren, erfahrenen Pferden ins Gelände zu gehen. Das ist eine willkommene Abwechslung in der täglichen Arbeit. Gerade im Gelände ist es wichtig, dass das junge Pferd mit einer ständigen, leichten Verbindung zur Reiterhand mit entspannt fallen gelassenem Hals gehen kann. Der Mensch ist in der Natur entspannter als in der Reithalle und gibt dadurch seine Hilfen leichter und gelöster an das Pferd weiter. So wird das Vertrauen des Pferdes zum Reiter gestärkt. Gemeinsam wird ständig etwas Neues, Unerwartetes im Gelände gesehen und gemeistert. Auf unebenem Boden wird die Trittsicherheit verbessert und das Pferd wird elastischer. Führt der Weg ein wenig bergauf und bergab, fördert das den Muskelaufbau.

In dieser Phase sollte man sein Pferd ebenfalls schon daran gewöhnen, durch Wasser zu gehen. Als Erstes bieten sich große Pfützen an, die sich über den Weg ausgebreitet haben. Es wäre schön, wenn das junge Pferd stetig vorwärtstreibenden Hilfen und ermunterndem Zuspruch folgen würde und nach anfänglichem Zögern durch die Pfütze tritt. Wenn es hier Schwierigkeiten geben sollte, wäre es hilfreich, wenn man wüsste, wie das junge Pferd aufgewachsen ist. Wenn es seine Jugend in einer Marschlandschaft verbracht hat, ist Wasser eine Grenze. In der Marsch gibt es keine Zäune – da gibt es nur Gräben, in die man als Fohlen hineinfallen kann!

Am besten fängt man mit Stangentreten an. Das junge Pferd lernt hinzuschauen und den Rhythmus zu finden.

Mit einem guten Führpferd, viel Geduld und Lob kann einem Youngster die Angst vor Wasser schon in jungen Jahren genommen werden. Soll etwa ein Ausritt an der nächsten großen Pfütze beendet sein? Vielleicht kann aus dem jungen Pferd mal ein Vielseitigkeitspferd werden? Dann darf Wasser kein Problem darstellen.

Von Anfang an sollte für eine möglichst vielseitige Ausbildung des jungen Pferdes gesorgt werden. Wird es ausschließlich in einer geschlossenen Reithalle geritten, kann es kein umfassendes Vertrauen zum Reiter entwickeln und nicht seinen (verborgenen) Anlagen entsprechend ausgebildet werden.

Takt

Losgelassenheit und Takt lassen sich nicht trennen. Wenn das Pferd nicht losgelassen ist, kann es nicht taktrein gehen. Jedes Pferd hat seinen eigenen natürlichen Takt, wenn es sich gelöst und unverspannt bewegt. Dieser Takt hängt unter anderem vom Gebäude des Pferdes ab. Er kann in den drei Grundgangarten unterschiedlich ausgeprägt sein. Zum Beispiel: guter, klarer Schritt, ausgeprägte Galoppade und kurzer, zappeliger Trab, was bei Vollblütern häufig der Fall ist. In diesem individuellen Takt sollte man das Pferd zunächst arbeiten.

Den Begriff Takt verwendet man auch bei der Unterscheidung der Gangarten: Der Schritt hat einen Viertakt, der Trab einen Zweitakt und der Galopp einen Dreitakt. Die

Jedes Pferd kann und sollte lernen, gelassen durch Wasser zu gehen.

Engländer nennen dies den Rhythmus der Gangarten. Das ist eigentlich passender, denn es kann geschehen, dass bei gleichbleibendem Takt innerhalb einer Gangart der Rhythmus nicht stimmt: Der Schrittrhythmus nähert sich dem Zweitakt und der Dreitakt des Galopps wird zum Viertakt. Das ist dann „ganz taktmäßig" grob fehlerhaft! Der Reiter muss immer bemüht sein, einen reinen Rhythmus und einen klaren Takt zu reiten, was sehr von seinem Sitz und seiner Einwirkung abhängt. Wer keinen ausbalancierten, elastischen Sitz hat, kann sich nicht in den Bewegungsablauf seines Pferdes hineinfühlen und Schwächen wie einen wenig raumgreifenden Trab auf Dauer nicht verbessern.

Gangarten und Tempounterschiede

In den drei Grundgangarten Schritt, Trab und Galopp können jeweils mehrere Tempounterschiede geritten werden. Neben dem normalen Arbeitstempo, also dem Tempo, das dem individuellen Takt des jungen Pferdes entspricht und in dem es am leichtesten sein Gleichgewicht findet, gibt es das versammelte Tempo und zwei verstärkte Tempi, nämlich Mitteltempo und starkes Tempo. Lediglich im Schritt kennt man nur den versammelten Schritt, den Mittelschritt und den starken Schritt.

Der Schritt

Der Schritt ist ein Viertakt, man spricht von Schritten. Das Pferd setzt die Beine nacheinander auf: hinten rechts, vorn rechts, hinten links, vorn links. Es gibt keine Schwebephase, daher ist der Schritt eine schwunglose Gangart. Er soll fleißig und schreitend, aber nicht übereilt sein. Das Pferd soll ruhig und gelassen bei gleichmäßiger Anlehnung ganz geradeaus schreiten. Dabei könnte man den Viertakt deutlich mitzählen: 1 – 2 – 3 – 4 – und so fort. Geht der gleichmäßige Viertakt verloren (1 – 2, 3 – 4), wird der Schritt fehlerhaft. Kann man nur noch zwei Schläge

Diese Phasen kann man im Schritt gut fühlen und mitzählen. (Zeichnung: Krumm)

unterscheiden, geht das Pferd im Pass: Das ist ein grober Fehler.

Für das junge Pferd ist nur der Mittelschritt angebracht. Der versammelte Schritt, bei dem die Hinterhand vermehrt untertritt, sich dadurch senkt und die Vorhand sich mehr aufrichtet, sowie der starke Schritt, in dem das Pferd weiter ausgreift, die Schritte also länger werden und der Rahmen des Pferdes sich erweitert, werden erst in den höheren Dressurklassen gefordert. Um den Mittelschritt taktrein zu halten, ist es unbedingt wichtig, dass das Pferd im Rücken und Genick locker bleibt. Das Pferd darf sich ein wenig vorwärts-abwärts dehnen. Die Reiterhand folgt weich der natürlichen Nickbewegung des Pferdekopfes. Es kann passieren, dass während eines Wachstumsschubes des jungen Pferdes die Hinterhand plötzlich höher ist als die Vorhand. Die längeren Hinterbeine greifen weiter vor, und die Vorderbeine werden früher abgefußt, damit die Hinterhufe nicht in die Vorderhufe greifen. Entsteht dann der gefürchtete Passgang, ist dies noch kein Grund zur Sorge, weil sich die Fußfolge wieder normalisieren wird, wenn das Pferd ausgewachsen ist. Das Pferd darf allerdings während dieser Phase nur am langen oder hingegebenen Zügel im Schritt geritten werden. Am besten reitet man auf gebogenen Linien, also auf dem Zirkel oder großen Volten in kurzen Reprisen. Ganz entscheidend ist eine gefühlvolle Reiterhand. Auf gar keinen Fall darf das Pferd mit anstehendem Zügel festgehalten werden.

Grundsätzlich gilt, dass man niemals zu lange im Schritt reiten sollte. Besser ist es, häufiger nach einer Trab- oder Galopptour eine Schrittphase einzulegen. Der Schritt ist diejenige Gangart, die man am leichtesten „kaputt reiten“ kann, also Vorsicht! Am langen oder hingegebenen Zügel hingegen können sich Pferd und Reiter immer wieder entspannen und erholen.

Im Schritt ist es besonders wichtig, dass die Reiterhand weich der Nickbewegung des Pferdekopfes folgt.

Der Trab

Der Trab ist ein Zweitakt. Man spricht von Tritten. Das Pferd setzt das diagonale Beinpaar (hinten rechts gemeinsam mit vorn links und umgekehrt) nacheinander auf. Dazwischen liegt eine Schwebephase. Durch die Schwebephase ist der Trab eine schwungvolle Gangart.

Man unterscheidet versammelten Trab, Arbeitstrab, Mitteltrab und starken Trab. Für das junge Pferd kommt in erster Linie der Arbeitstrab infrage und das „Tritte-Verlängern", das eine Vorstufe zum Mitteltrab ist. Der Arbeitstrab sollte in einem frischen Tempo geritten werden, weil das Pferd so am leichtesten sein Gleichgewicht finden kann. Das Pferd soll dabei gleichmäßig und taktrein vorwärtsschwingen und eine stetige, weiche Anlehnung an die Reiterhand halten. Das Tempo muss so gewählt werden, dass Handwechsel und gebogene Linien ohne Taktverlust geritten werden können.

Es ist wichtig, bei Handwechseln und auf gebogenen Linien immer das gleiche Tempo und den gleichen Takt zu halten.

Bei jungen Pferden sollte noch sehr viel im Leichttraben geritten werden, weil so der Rücken des Pferdes mehr geschont wird. Das Wichtigste ist, dass Pferd und Reiter locker bleiben und das Pferd schwungvoll weitergeht. Erst wenn das sicher erreicht ist, kann man versuchen, zunächst geringe, später dann auch stärker ausgeprägte Tempounterschiede innerhalb des Trabs einzubauen. Dabei muss man unbedingt auf einen gleichbleibenden Takt achten. Beim „Tritte-Verlängern" darf das Pferd auf keinen Fall eiliger werden. Ein richtiger Mitteltrab wird aus einer Versammlung herausgeritten, wenn das Pferd mit der Hinterhand tragen und nicht nur schieben soll. Das kann in diesem Stadium noch nicht verlangt werden.

Zunächst wird man versuchen, an den langen Seiten der Bahn die Tritte zu verlängern. Dazu nimmt man an der kurzen Seite das Tempo etwas zurück und fordert mit dem inneren treibenden Schenkel das innere Hinterbein zu mehr Untertritt auf. Der äußere Schenkel verhindert mit einer verwahrenden Schenkelhilfe, dass das Pferd mit der Hinterhand nach außen ausfällt. Dann stellt man sein Pferd zu Beginn der langen Seite geradeaus und legt beide Unterschenkel fester an

Im Trab ist das Mitzählen ganz leicht. (Zeichnung: Krumm)

Der Reiter darf sich jetzt nicht im Rücken- und Beckenbereich verkrampfen, er würde das Pferd stören.

den Gurt (beidseitige, gleichzeitige vorwärtstreibende Schenkel- und Gewichtshilfe). Dabei geht man etwas mit der Hand vor und lässt sein Pferd energisch mit längeren Tritten vorwärtsschwingen. Wenn der Taktschlag schneller wird, ist das Pferd ins Laufen gekommen, was nicht in Ordnung ist. Bitte nun nicht die Geduld verlieren! Tritte verlängern und Mitteltrab fallen am Anfang auch denjenigen Pferden schwer, die von Natur aus über gute Trabanlagen verfügen. Die Rückenbewegung beim Tritte-Verlängern und besonders im Mitteltrab ist eine schwungvoll vorwärtsströmende Wellenbewegung, die vom Reiter unterstützt werden muss.

Der Galopp

Der Galopp ist ein Dreitakt. Man zählt Sprünge. Es werden Links- und Rechtsgalopp unterschieden. Am Anfang der Ausbildung eines jungen Pferdes wird im sogenannten Handgalopp, also auf der rechten Hand im Rechtsgalopp und auf der linken Hand im Linksgalopp, geritten. Erst im späteren Verlauf der Ausbildung kommt der Kontergalopp hinzu (Linksgalopp auf der rechten Hand und

Man kann deutlich mitzählen, ob der Galopp taktrein durchgesprungen ist: 1 – 2 – 3 – Pause (Schwebephase), 1 – 2 – 3 – Pause (Schwebephase). Ist die „2“ nicht mehr als ein einziger Hufaufschlag zu spüren oder zu hören („eins, zwei-hei, drei“), ist der Takt verloren gegangen. Das diagonale Beinpaar fußt nicht mehr gleichzeitig auf. In diesem Fall muss energisch vorwärtsgeritten werden. (Zeichnung: Krumm)

umgekehrt). Im Rechtsgalopp fußt das Pferd hinten links auf, dann folgt das diagonale Beinpaar hinten rechts und vorn links und dann das rechte Vorderbein. Darauf folgt eine Schwebephase. Der Galopp ist also eine schwungvolle Gangart.

Auch im Galopp gibt es den versammelten Galopp, das Arbeitstempo, den Mittelgalopp und den starken Galopp. Fürs Erste ist nur der Arbeitsgalopp interessant. Die Verstärkung und Versammlung kommen später.

Hat das junge Pferd gelernt, den Hilfen zum Angaloppieren, zu Anfang immer aus dem Trab, willig zu folgen, kommt es darauf an, den Galopp bei gleichbleibender, weicher Anlehnung an die Reiterhand schwungvoll und jederzeit regulierbar in klarem Dreitakt zu reiten. Da die Galoppbewegung für den Reiter sehr viel besser zu sitzen ist als die Bewegung im Trab, gibt es hier weniger Schwierigkeiten, denn der Reiter kann sein Pferd besser durch den Sitz unterstützen. Auch dem jungen Pferd fällt das Ausbalancieren leichter.

Gleich zu Anfang sollte man darauf achten, dass das Pferd auf möglichst gerader Linie galoppiert. Probleme treten vor allem dann auf, wenn in Wendungen und durch Ecken galoppiert wird. Viele junge Pferde springen dann mit den Hinterbeinen um, um die Balance zu halten, stützen sich also mit dem äußeren Hinterfuß ab und sind dann im Kreuzgalopp. Sofort muss das Pferd ruhig zum Trab durchpariert und erneut richtig angaloppiert werden. Abhilfe schafft der Reiter, indem er die Ecken stark abrundet und auf der Zirkellinie den äußeren Zügel sehr gut anstehen lässt. Er muss das Pferd gerade halten wollen. Damit ermöglicht er dem Pferd, das innere Hinterbein weiter unter den Schwerpunkt schwingen zu lassen, sodass es besser die Balance halten kann. Mit etwas

Geduld wird es sehr bald klappen. Es ist wie mit dem Fahrradfahren: Schnell fahren ist kein Problem, aber langsam um die Ecken fahren ist schwer.

Eine sehr gute Gymnastikübung im Galopp ist das Kantern. Im leichten Sitz (nicht vergessen, die Bügel zwei bis drei Löcher kürzer zu schnallen!) wird das Pferd im Gelände in einem frischen, jedoch regulierbaren Tempo galoppiert. Dabei sollte das junge Pferd tief eingestellt werden, das heißt, es soll die Nase tiefer tragen, als es auf dem Reitplatz üblich ist, und den Rücken aufwölben. So kann das junge Pferd besser unter seinen Schwerpunkt springen und lernt leichter, die Balance zu halten. Im Gelände sollte man aber erst galoppieren, wenn das junge Pferd in der Reitbahn genügend Sicherheit bekommen hat. Ein im Gelände davonstürmendes Pferd ist einfach zu gefährlich! Die ersten Übungen im Kantern sollten niemals ohne ein erfahrenes Führpferd unternommen werden. Es ist sinnvoll, die ersten Versuche auf einer Strecke zu unternehmen, die vom Stall wegführt, damit nicht der Stalldrang das Pferd zum Losstürmen verleitet.

Im Rennbahngalopp machen sich die Pferde richtig lang, um Boden zu gewinnen. Dann können die diagonalen Beinpaare nicht mehr gleichzeitig auffußen und der Galopptakt wird zum Viertakt. Das ist in diesem Fall natürlich nicht fehlerhaft.

Auch ein künftiges Dressurpferd sollte öfter mal richtig vorwärtsgaloppieren dürfen!

Ungebundenheit der Gänge

Dieses Element ist nur im Trainingsbaum, nicht aber in der FN-Ausbildungsskala ausdrücklich benannt. Unter der Ungebundenheit der Gänge versteht man den Raumgriff der Bewegung in den einzelnen Grundgangarten. Die Ungebundenheit der Gänge ist das Ergebnis von Losgelassenheit und Takt.

Die freie Beweglichkeit der Gliedmaßen einschließlich der Schultern und der Hüften des Pferdes, die von der Natur gegeben wurden, darf unter dem Reiter nicht beeinträchtigt sein. Sehr häufig ist der Schritt gebunden, das heißt, dass das Pferd nicht locker vorwärtsschreitet, sondern eher mit kurzen Schritten trippelt. Häufig ist dieses Sich-Festhalten durch das Temperament des Tieres bedingt: Es ist aufgeregt und verkrampft sich. Ein gebundener Schritt ist schwierig zu korrigieren und verlangt vom Reiter viel Erfahrung und Gefühl.

Losgelassenheit, Takt und Raumgriff sind unverzichtbare Grundlagen für die Anlehnung. Geht ein Pferd mit gebundenen Gängen, verliert es seine natürliche Ausstrahlung. In Dressurprüfungen aller Klassen wird in der Fußnote (die doppelt gewertet wird) die Reinheit der Gänge, also die Ungebundenheit, benotet.

Es gibt keine Lektionen und Übungen, um speziell den Raumgriff zu erarbeiten. Hilfreich ist aber das häufige Reiten im Gelände. Dann versucht man dieses Gefühl mit auf das Dressurviereck zu nehmen. Nur durch das Einfühlungsvermögen des Reiters ist der natürliche Raumgriff über die Losgelassenheit und den Takt zu erreichen. Ist das Pferd jedoch krank, hat es Schmerzen und ist deshalb in seinem natürlichen Raumgriff eingeschränkt, müssen ein guter Tierarzt oder ein Physiotherapeut um Rat gefragt werden.

Anlehnung

Normalerweise nimmt das junge Pferd schon nach kurzer Zeit das Gebiss an. Damit ist die erste Verbindung zur Reiterhand hergestellt. Das ist ein kostbares Geschenk! Wer jetzt mit bleierner Faust herumfuhrwerkt oder aus übergroßer Vorsicht die Zügel immer wieder wegwirft, verliert das Vertrauen seines Pferdes. Anlehnung heißt sich anlehnen. Die richtige Anlehnung gibt dem Pferd die Sicherheit, sich im natürlichen Gleichgewicht losgelassen und taktrein unter dem Reitergewicht zu bewegen. Daraus folgt, dass sich eine gute Anlehnung nicht nur auf Hals, Genick und Kopf des Pferdes beschränkt, sondern das ganze Pferd von der Hinterhand über den Rücken bis zum Maul einschließt!

So sieht eine gute Anlehnung im Galopp aus.

In korrekter Anlehnung schwingt die Trabbewegung des Pferdes durch den ganzen Körper.

Von hinten nach vorn

Die Anlehnung wird erreicht, indem das Pferd von hinten nach vorn an das Gebiss herangeritten wird. Weil der Reiter das Pferd stetig und weich auffordert nach vorn zu gehen, wölbt es den Rücken auf und dehnt sich vertrauensvoll an das Gebiss. Der Reiter hat nur wenige Hundert Gramm Gewicht in der Zügelhand. (Wenn ein Stallkollege jubelt: „Ich habe gar nichts in der Hand!", kann man sicher sein, dass da etwas nicht stimmt.) Das Pferd darf aber auch keine Stütze im Gebiss suchen; es soll sich selbst tragen. Wenn eine feine Anlehnung erreicht ist, ist dies ein Zeichen dafür, dass das Pferd zur Zusammenarbeit mit dem Reiter bereit ist. Dieser Zustand muss jeden Tag aufs Neue hergestellt werden, das ganze Pferdeleben lang. Auch ein hoch ausgebildetes Grand-Prix-Pferd wird in der Lösungsphase wie ein ganz junges Pferd geritten.

> Niemals darf eine Anlehnung erzwungen werden! Harte, unnachgiebige Fäuste, die rückwärtswirken, ergeben immer eine falsche Anlehnung!

Ist der Reiter nicht in der Lage, die Hände ruhig zu halten, mangelt es ihm am Gefühl und Einfühlungsvermögen oder hat er keinen ausbalancierten, elastischen Sitz, kommt es ebenfalls zu einer fehlerhaften Anlehnung, weil das Pferd in seinem Bewegungsablauf gestört wird. Das Pferd kann nicht locker im Genick sein, es verspannt Hals- und Rückenmuskulatur, kurz: Es wehrt sich. Die Folge ist immer, dass die Losgelassenheit verloren geht. So entstehen Taktunreinheiten innerhalb der Gangarten wie Spanntritte im Trab. Im Galopp kann es zum Vierschlag kommen und der Schritt wird passartig. Um Fehler in der Anlehnung zu beheben, muss also erneut an Losgelassenheit, Takt und Raumgriff gearbeitet werden: durch wieder häufigeres Longieren, durch Stangentreten und durch Reiten in Dehnungshaltung. In frischem Tempo müssen häufige Handwechsel mit vielen Übergängen von einer zur anderen Gangart geritten werden.

Immer wieder sollte man die Zügel aus der Hand kauen lassen, damit sich der Rücken aufwölben kann. Das geht am besten auf der Zirkellinie, weil das Pferd nicht so leicht auf der langen Geraden davonstürmen kann. Dabei muss darauf geachtet werden, dass das Pferd nicht mit dem Maul nach unten stößt und dem Reiter die Zügel aus der Hand reißt – dann fehlen die treibenden Hilfen. Das Pferd soll sich weich und über mehrere Schritte, Tritte oder Sprünge hin an das Gebiss dehnen, es soll das Gebiss „suchen“. Hat sich das Pferd mit dem Maul mindestens bis zur Höhe der Buggelenke weich nach unten gedehnt, muss der Reiter mehr treiben, denn es fühlt sich an, als sei das Pferd dicker geworden. Das ist ein gutes Zeichen für eine Entspannung des Pferderückens. Anschließend soll sich das Pferd ohne Widerstand wiederaufnehmen und zusammenstellen lassen. Dabei müssen die treibenden Hilfen von hinten nach vorn gegen die gefühlvollen Hände vorherrschen.

Verschiedene Formen fehlerhafter Anlehnung

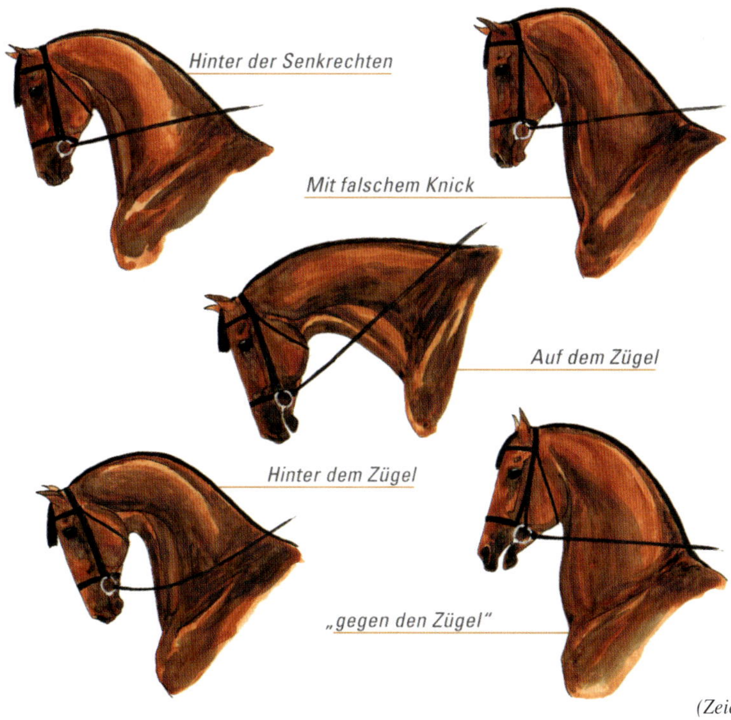

(Zeichnung: Krumm)

Das Pferd schön machen: Entwicklung der Schubkraft

Den zweiten Block der Ausbildungselemente, die Phase B, nennt man „Schubkraft“. Er ist mit dem ersten Block verzahnt.

Wenn der erste Block, die „Gewöhnungsphase“, gefestigt ist (das gilt für die Ausbildung eines jungen Pferdes wie für jede einzelne Reitstunde), wird Punkt für Punkt ein neues Element erarbeitet. Das junge Pferd lässt sich geraderichten, wird aktiver mit seiner Hinterhand, und es lernt sich selbst zu tragen. Es balanciert sich zunehmend aus und wird durchlässiger. Es hat Muskeln an den richtigen Stellen aufgebaut und ist schöner geworden.

An den Hilfen

Tritt ein Pferd an das Gebiss heran und bleibt in steter Anlehnung an die Reiterhand, so steht es am Zügel. Das heißt aber noch nicht, dass es auch an den Hilfen steht. Die sogenannten Hilfen, die dem Reiter zur Verfügung stehen, um sich dem Pferd verständlich zu machen, sind:

- Gewichtshilfen – sie wirken beidseitig belastend, einseitig belastend oder entlastend.
- Schenkelhilfen – sie wirken vorwärtstreibend, vorwärts-seitwärts-treibend oder verwahrend.
- Zügelhilfen – sie wirken annehmend nachgebend, durchhaltend, Stellung gebend, verwahrend und seitwärtsweisend.

Nur durch fein abgestimmtes Zusammenwirken der Hilfen, aus einem tiefen, losgelassenen und ausbalancierten Sitz heraus, ist eine Harmonie zwischen Reiter und Pferd in allen Gangarten und Lektionen möglich. Alles zusammen ist das Geheimnis feiner Reiterei.

Grundsätzlich sind die treibenden Hilfen (Gewichts- und Schenkelhilfen) wichtiger als die verhaltenden Hilfen (Zügelhilfen).

Die Gewichtshilfen

Bei der *beidseitig belastenden* Gewichtshilfe liegen beide Schenkel am Gurt. Das Becken wird aufgerichtet, sodass beide Gesäßknochen nach vorwärts-abwärts in Richtung Knie und Absatz belastet werden. Der Rücken wird dadurch ganz lang, der Oberkörper bleibt natürlich aufgerichtet und die Bauchmuskulatur wird angespannt. Man spricht auch davon, dass der Reiter „das Kreuz anspannt" oder besser „das Kreuz anstellt".

Das Pferd steht am Zügel.

Am besten kann man herausfinden, was unter „Kreuz anspannen" oder „Kreuz anstellen" zu verstehen ist, wenn man sich auf die Kante einer Tonne oder Kiste setzt, die bis zum halben Oberschenkel reichen sollte. Die Füße werden so weit auseinandergestellt, dass ein Pferdebrustkorb dazwischenpassen würde. Die Absätze stehen fest auf der Erde und der Oberkörper ist frei aufgerichtet.

Jetzt hat man ungefähr den Dressursitz auf dem Rand der Tonne eingenommen. Wenn man nun die Tonne zum Kippeln bringen möchte, spannt man ganz unbewusst die richtigen Muskeln an und verlagert sein Gewicht auf die richtige Weise in Richtung Knie und Absatz. Der Oberkörper darf aber auf keinen Fall nach vorn gekippt werden.

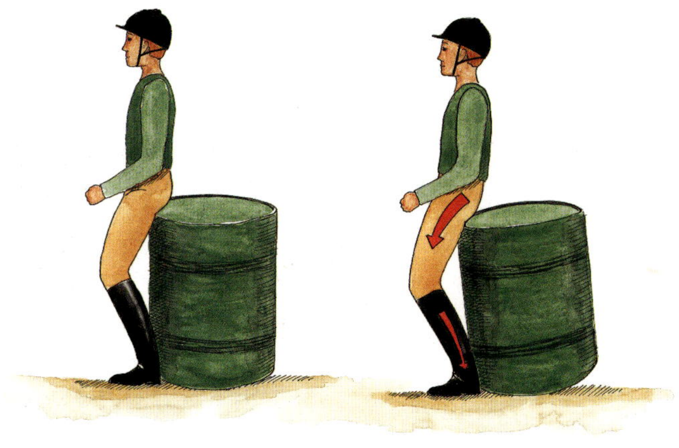

So kann man am besten herausfinden, was es mit dem „Kreuz" auf sich hat. (Zeichnung: Krumm)

Man muss sich nur bewusst machen, was man dort auf welche Weise tut. Dann hat man begriffen, was „Kreuz anstellen" heißt, und ist dann auch in der Lage, dasselbe im Sattel zu tun. So gehört zum Anstellen des Kreuzes immer die Einwirkung der Schenkel – sonst kippt die Tonne nicht!

Ist man dann auch noch in der Lage, das Kreuz verschieden stark anzustellen, hat man den wichtigsten Schlüssel für gefühlvolles, feines Reiten gefunden: Man kann wirksame halbe Paraden geben! Das Pferd wird ganz schnell lernen, darauf zu reagieren.

Das ist aber keine dauernde Hilfe, sondern ein nur kurzer Moment. Das Kreuz-Anstellen (und nicht etwa nur der Sporeneinsatz!) ist ein Impuls für die Hinterhand des Pferdes, aktiver zu werden. Je nachdem, wie energisch diese Hilfe in Verbindung mit einer nachgebenden Zügelhilfe gegeben wird, setzt sich das Pferd aus dem Halten in den Schritt, vom Schritt in den Trab oder gar vom Halten in den Trab in Bewegung.

Innerhalb des Trabs oder des Galopps sorgt ein kurzzeitiges Anstellen des Kreuzes gemeinsam mit einem ganz kurzen, weichen Annehmen der Zügel (halbe Paraden) für mehr Ausdruck und Kadenz.

Die einseitig belastende Gewichtshilfe wird angewendet, wenn das Pferd gestellt oder gebogen werden soll. Beim Angaloppieren und als Voraussetzung für die richtungweisende Zügelhilfe ist die einseitig belastende Gewichtshilfe unbedingt nötig. Wenn zum Beispiel das Pferd eine Wendung nach rechts gehen soll, wird der rechte Gesäßknochen nach vorwärts-abwärts vorgeschoben. Dabei darf die Hüfte auf keinen Fall einknicken. Die Leiste, das heißt das Hüftgelenk, muss schön gestreckt bleiben. Diese Hilfe wird immer mit der Schenkel- und Zügelhilfe zusammen gegeben. Die *entlastende* Gewichtshilfe wird angewandt, wenn Rücken und Hinterhand entlastet werden sollen. Dabei bleibt das Gesäß im Sattel, aber der Reiter bringt mehr Gewicht auf die Oberschenkel und Knie. Der Oberkörper wird ganz leicht nach vorn geneigt. Beim Anreiten junger Pferde, beim Lösen vor der Reitstunde, bei leichten Steigungen im Gelände und bei den ersten Versuchen zum Rückwärtsrichten ist diese Hilfe angebracht.

Die Schenkelhilfen

Die *vorwärtstreibende* Schenkelhilfe treibt das Pferd in allen Gangarten gleichmäßig vor. Dabei liegen beide Schenkel mit der Wade (und nicht mit dem Sporen!) des Reiters dicht hinter dem Gurt und treiben durch leichten Druck auf beiden Seiten das Pferd vorwärts.

Die vorwärtstreibende Schenkelhilfe am Gurt. (Fotos: Christina Krumm)

Die vorwärts-seitwärts-treibende Schenkelhilfe eine Handbreit hinter dem Gurt.

Die *vorwärts-seitwärts-treibende* Schenkelhilfe wird für die Seitengänge benötigt. Auch beim Schenkelweichen wird diese Hilfe eingesetzt, obwohl Schenkelweichen genau genommen nicht zu den Seitengängen gehört. Dabei liegt der Unterschenkel des Reiters eine Handbreit hinter dem Gurt. Knie und Absatz dürfen nicht hochgezogen werden. Die vorwärts-seitwärts-treibende Schenkelhilfe unterstützt die einseitig belastende Gewichtshilfe.

Der *verwahrende* Schenkel wird immer als Gegenüber der vorwärts- oder vorwärts-seitwärts-treibenden Schenkelhilfe eingesetzt. Er verhindert das Ausweichen (Ausfallen) der Hinterhand. Der verwahrende Schenkel liegt fast genauso wie der seitwärtstreibende Schenkel, nämlich eine Handbreit hinter dem Gurt, ist aber nicht so aktiv.

Die Zügelhilfen

Die Zügelhilfe wird niemals allein gegeben. Nur bei einem durchlässigen Pferd wirkt die Zügelhilfe vom Maul über das Genick, den Hals und Rücken bis zur Hinterhand. Das Pferd lässt die Hilfe durch, es ist durchlässig.

Bei der *annehmenden* Zügelhilfe wird für einen kurzen Moment die Faust fester geschlossen oder die Fäuste werden ein wenig nach innen gedreht, sodass sich die Zügel etwas verkürzen. Bei verdeckten Fäusten, wenn die Hand also mit dem Handrücken nach oben getragen wird, geht das nicht.

> Es ist grob und unreiterlich, mit dem ganzen Arm am Zügel zu ziehen.

Nach der annehmenden Zügelhilfe folgt immer eine *nachgebende* Zügelhilfe. Dazu kommen die Fäuste zurück zur Grundhaltung, die Finger werden gelockert und die Zügelfäuste gehen etwas vor. Das heißt nicht, dass die Verbindung zum Pferdemaul völlig aufgegeben wird und die Zügel durchhängen sollen. Die Verbindung bleibt auch bei der nachgebenden Zügelhilfe sicher erhalten.

> Das Geheimnis des Annehmens ist das Nachgeben!
>
> (Klaus Balkenhol)

Nach einer seitwärtsweisenden Zügelhilfe muss immer nachgegeben werden.

Die *durchhaltende* Zügelhilfe wird eingesetzt, wenn das Pferd gegen die Hand oder über den Zügel geht. Die Faust steht in Grundhaltung fest geschlossen, das Kreuz ist angespannt und beide Schenkel treiben energisch vorwärts. Den Druck, der dann entsteht, hält man einen kurzen Moment aus, bis das Pferd nachgibt, sich also am Gebiss abstößt und leicht in der Hand wird. Sofort muss dann eine nachgebende Zügelhilfe folgen.

Wenn das Pferd nicht in kürzester Zeit nachgeben sollte, muss man versuchen, durch leichtes Stellen nach außen und innen über mehrere (!) Tritte oder Sprünge das Pferd im Genick zu lockern. Diese ganz kleinen, langsamen Bewegungen haben nichts mit dem Riegeln zu tun, was unbedingt zu unterlassen ist. Den Moment des Nachgebens darf man nicht verpassen – dann wird sofort die Reiterhand weich und der Sitz lockerer. Dadurch macht man dem Pferd klar, was man von ihm will.

Die *Stellung gebende* Zügelhilfe wird eingesetzt, wenn das Pferd auf einer gebogenen Linie gehen soll, zum Beispiel linke Hand auf dem Zirkel. Die linke Zügelfaust wird dazu ein wenig eingedreht: so weit, dass der Reiter das linke Pferdeauge und den linken Nüsternrand schimmern sieht. (Mehr nicht! Das Pferd bleibt in sich gerade!) Die rechte Zügelfaust muss dann entsprechend ausgedreht werden, damit der Pferdehals nicht auf der Außenseite festgehalten wird. Der äußere Zügel bleibt aber der *verwahrende* Zügel, der die Stellung oder Biegung des Pferdes begrenzt. Das Pferd wird weiter am äußeren Zügel geführt.

Beide Zügelhilfen, die verwahrende sowie die Stellung gebende, gehören zusammen, sie werden immer zusammen gegeben. Zudem werden sie immer mit einseitig treibender Schenkelhilfe und einseitig belastender Gewichtshilfe unterstützt.

Seitwärtsweisende Zügelhilfen führen besonders junge Remonten in die Wendungen. Auch beim Erlernen der Seitengänge ist diese Zügelhilfe sinnvoll. Von der entsprechenden Gewichtshilfe unterstützt, führt man dazu die Hand etwas vom Pferdehals weg in die Richtung, in die das Pferd gehen soll. Wenn das Pferd die Hilfe angenommen hat, muss eine nachgebende Zügelhilfe folgen, weil die richtungweisende Hilfe ähnlich wie die annehmende Zügelhilfe auf das Pferd wirkt.

Am langen Zügel hat der Reiter noch eine Verbindung zum Pferdemaul, während das Pferd den Hals länger lässt und in natürlicher Haltung mit leicht gesenkter Nase ruhig schreitet.

Beim hingegebenen Zügel hat der Reiter nur noch die Schnalle der Zügel in der Hand. Es besteht keine Verbindung mehr zum Maul. Das Pferd geht mit langem Hals und tief nach vorwärts-abwärts gesenkter Nase.

Zügelhilfen dürfen niemals allein gegeben werden, sondern erfolgen immer gemeinsam mit Gewichts- und Schenkelhilfen. Nur mit den Zügeln kann man kein Nachgeben des Pferdes im Genick erzwingen.

Das Überstreichen

Das Überstreichen ist ein Prüfstein für die Selbsthaltung des Pferdes und zeigt, ob das Pferd sicher an den Gewichts- und Schenkelhilfen des Reiters steht. Das Überstreichen wird in nahezu allen Dressurprüfungen der Klassen A und L verlangt. Der Reiter schiebt dabei weich beide Zügelfäuste am Hals entlang nach vorn, sodass für ungefähr zwei bis drei Pferdelängen nun die Verbindung zum Pferdemaul aufgegeben ist. Das Pferd soll in schöner Selbsthaltung, nur an den Kreuz- und Schenkelhilfen stehend, weitergehen. Dann werden die Hände wieder weich in die Ausgangshaltung zurückgenommen. Auch diese Übung kann in allen Gangarten durchgeführt werden.

Halbe Paraden

Zur halben Parade werden alle Hilfen (Gewichts-, Schenkel- und Zügelhilfen) gleichzeitig eingesetzt. Der Reiter setzt sich schwerer in den Sattel (belastende Gewichtshilfe), stellt das Kreuz mehr an, treibt mit beiden

Das Überstreichen sollte über mehrere Trabtritte oder Galoppsprünge dauern.

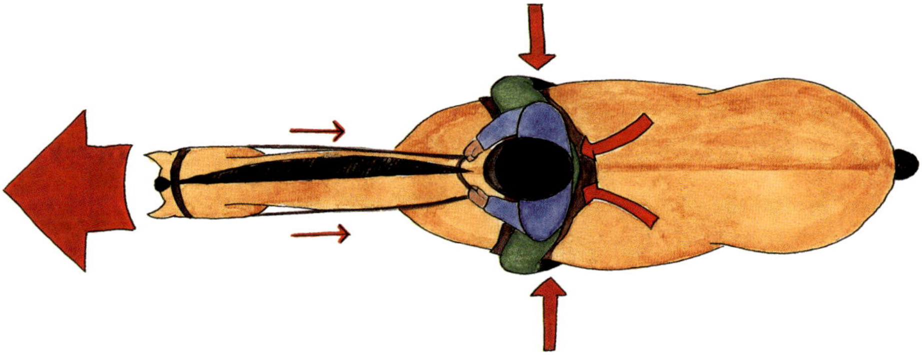

Die halben Paraden werden aus dem korrekten, ausbalancierten Sitz heraus als kurze Impulse gegeben. (Zeichnung: Krumm)

Schenkeln vor und verhindert mit annehmender Zügelhilfe ein Vorwärtsstürmen des Pferdes. Er schiebt also sein Pferd ein wenig von hinten nach vorn zusammen. Danach erfolgt gleich ein Nachgeben.

Eine halbe Parade ist kein einmaliger Vorgang, sondern erfolgt ständig im Rhythmus der Bewegung. Sie wird benutzt,

- um Übergänge von einer zur anderen Gangart zu reiten;
- um das Gangmaß innerhalb einer Gangart zu regulieren;
- als Vorbereitung zu jeder Lektion, um das Pferd aufmerksam zu machen;
- um Anlehnung zu erreichen, zu erhalten, zu verbessern und später das Pferd in die Versammlung zu bringen;
- um das Pferd insgesamt richtig zu reiten.

Ohne ständig gegebene halbe Paraden vor jeder Ecke, bevor das Pferd umgestellt wird, vor einer Volte oder einer anderen Lektion sowie innerhalb einer Gangart kann man kein Pferd ausbilden.

Die ganze Parade

Die ganze Parade wird nur auf der geraden Linie gegeben und kann grundsätzlich aus allen Gangarten erfolgen. Am Anfang sollte sie nur aus dem Schritt oder Trab heraus verlangt werden. Die ganze Parade führt immer zum Halten. Durch vermehrtes Treiben mit Gewicht und Schenkeln tritt das Pferd an die durchhaltende Hand heran. Es sollte sich am Gebiss abstoßen. Bevor das Pferd zum Ste-

Das Pferd steht ruhig und geschlossen an den Hilfen des Reiters. Die Hinterbeine stehen bereits im Hüftlot.

hen kommt, muss die Reiterhand leicht werden und etwas nachgeben. Das junge Pferd braucht den Hals als Balancierstange, um ruhig und geschlossen in Selbsthaltung stehen zu bleiben.

Ein weiter ausgebildetes Pferd müsste mit der Hinterhand vermehrt untertreten, um im Hüftlot zu stehen und in guter Balance seine und des Reiters Last mit der Hinterhand zu tragen. Kommt das Pferd in der ganzen Parade auf die Vorhand, ist die ganze Parade zur „Kopfparade" misslungen. Hin-und-her-Treten, breitbeiniges Stehen oder Kopfschlagen sind grob fehlerhaft. Diese Fehler sind Indizien für eine unnachgiebige, harte Reiterfaust und fehlende Schenkel- und Gewichtshilfen.

Viele Reiter kommen leicht in Erklärungsnot, wenn sie nach einer kurzen Definition und dem Unterschied zwischen einer halben und einer ganzen Parade gefragt werden. Verkürzt könnte man sagen: Bei einer halben Parade tue ich so, als ob ich ganz zum Halten kommen möchte. Kurz bevor mein Pferd tatsächlich anhält (mit untergeschobener Hinterhand), lasse ich es wieder antreten. Die Parade ist eben nur halb. Bei einer ganzen Parade komme ich tatsächlich bis zum Halten durch. Da ist die Parade ganz.

Geraderichten

Geraderichten heißt, dass sich das Pferd mit seiner Längsachse der Hufschlagfigur anpasst. Das gilt für Hufschlagfiguren auf gerader wie auf gebogener Linie. Weil die

Bei der ganzen Parade das Vorgehen mit der Hand nicht vergessen! (Zeichnung: Krumm)

Vorhand des Pferdes schmaler ist als die Hinterhand und außerdem das junge Pferd den optischen Halt der Reitbahnbegrenzung sucht, neigt es dazu, mit dem inneren Hinterbein in die Bahn hineinzutreten – es geht schief. Sehr häufig ist dies auf der rechten Hand stärker ausgeprägt als auf der linken Hand.

So, wie die meisten Menschen Rechtshänder sind, so sind die meisten Pferde Rechtsfüßler. Der rechte Hinterfuß ist kräftiger als der linke. Viele Pferde brechen nach links aus, wenn sie ein „Gespenst“ sehen, und die „Gespenster“ werden auch meistens auf der rechten Seite wahrgenommen. Das Pferd stemmt sich dann auf das rechte Hinterbein und wirft sich nach links.

Vielen jungen Pferden fällt die Wendung (nicht die Biegung!) nach links leichter, denn der kräftigere rechte Hinterfuß dient vorerst als Stütze. Dies macht man sich zunutze und beginnt an der Longe und in der ersten Lösungsphase vor einer Trainingsstunde auf der linken Hand.

In den ersten Monaten der Ausbildung muss man mit der natürlichen Schiefe leben. Bevor das Pferd nicht an den Hilfen steht, gibt es gar keine Möglichkeit, es geradezurichten, ohne Verspannung und Widerstand auszulösen. Die meisten Pferde machen sich auf der rechten Seite hohl. Viele Reiter meinen dann, es sei die gute Seite. Tatsächlich ist das aber die schwierige Seite, weil das Pferd die Muskeln auf der rechten Seite festhält. Die Folge ist, dass es sich auf die linke Schulter legt und nicht gegen den rechten Zügel tritt. Es nimmt ihn nicht an – der Reiter hat „nichts in der Hand“. Ein Pferd ist geradegerichtet, wenn Hinter- und Vorhand wie auf Eisenbahnschienen auch auf gebogener Linie in einer Spur gehen. Man kann sehr gut überprüfen, ob die Hinterhand genau in die Spur der Vorhand tritt, wenn man auf einem frisch geharkten Platz reitet: Die Spur verrät, wo es noch hapert. Nur wenn ein Pferd spurtreu geht, kann die Schubkraft der Hinterhand voll in Richtung des Schwerpunkts wirken. Das Pferd geraderichten heißt auch, seine Balance zu verbessern, weil beide Körperhälften gleichmäßig belastet werden.

> Die geraderichtende Arbeit beginnt, sobald das Pferd an den Hilfen steht. Im Rahmen der Klasse L sollte diese Arbeit nicht mehr sichtbar sein, aber sie hört bis in die höchsten Klassen nie auf!

„Gespenster“ werden viel häufiger rechts als links vom Pferd wahrgenommen. Das Pferd stößt sich mit dem rechten Hinterfuß ab und wirft sich nach links. (Zeichnung: Krumm)

Die Schiefe korrigieren

Grundsätzlich gilt: Die Vorhand wird immer auf die Hinterhand eingestellt. Als Erstes bieten sich das Reiten auf dem Zirkel, einfache Schlangenlinien, Schlangenlinien durch die ganze Bahn und große Volten an. Diese Hufschlagfiguren müssen immer ganz präzise geritten werden, da sie sonst ihre gymnastische Wirkung verfehlen. Es sollte häufig die Hand gewechselt werden. Man hüte sich davor, ein Pferd zu lange auf der „schlechten" Hand zu arbeiten. Das Pferd wird dadurch überfordert – Muskelkater und Unlust bis zur Widersetzlichkeit sind die Folge. Also immer wieder die Losgelassenheit und den Takt von der „guten" zur „schlechten" Seite mitnehmen. Viele Übergänge von einer zur anderen Gangart und auch innerhalb einer Gangart sind hilfreich, weil sie richtiges Treiben in Verbindung mit weicher Anlehnung fördern.

Um eine Schiefe nach rechts zu korrigieren, führt man mit dem rechten Zügel die Vorhand so weit in die Bahn hinein, dass der rechte Vorderfuß genau auf der Spur des rechten Hinterfußes spurt. Dabei verhindert der etwas zurückgenommene rechte Schenkel ein weiteres Seitwärtstreten des rechten Hinterfußes, während gleichzeitig der linke Schen-

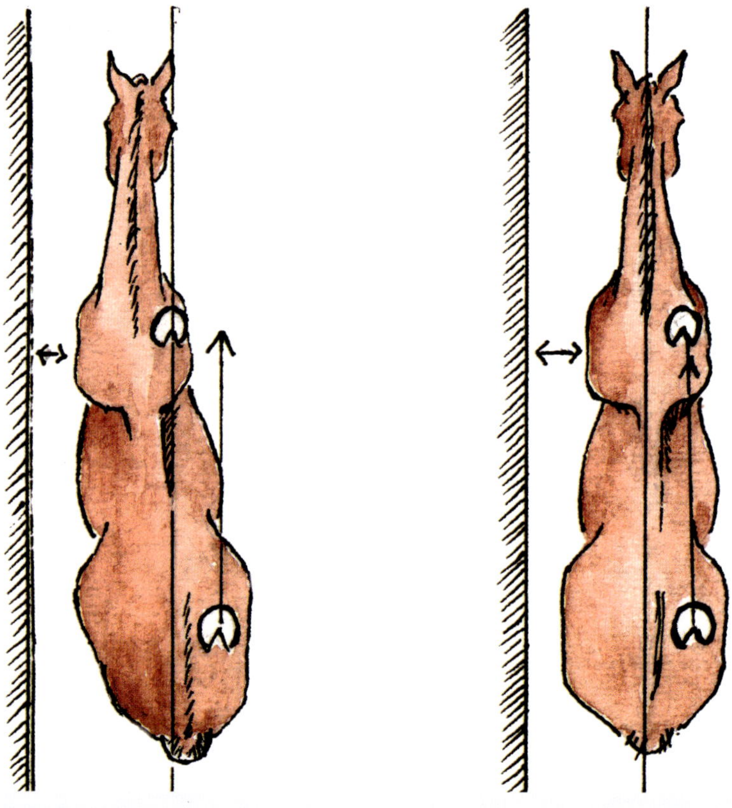

Das schief gehende Pferd (links) tritt mit dem inneren Hinterfuß innen an der Hufschlaglinie des inneren Vorderfußes vorbei. Beim geradegerichteten Pferd (rechts) treten die Vorder- und Hinterbeine einer Seite jeweils in einer Spur. (Zeichnung: Hagen)

kel am Gurt liegt und den linken Hinterfuß vorwärtstreibt. Der linke Zügel wird verwahrend tief angestellt, damit das Pferd nicht über die Schulter flieht. Das Pferd geht damit deutlich am äußeren Zügel. Um das Schiefgehen auf der linken Hand zu korrigieren, macht man natürlich alles spiegelbildlich.

Es hat sich bewährt, bei fortgeschrittenen Pferden gleich zu Beginn einer jeden Reiteinheit im angedeuteten Schultervor zu reiten, um von Anfang an ein Schiefgehen zu verhindern. Man fängt mit einfachen Lektionen auf gerader Linie an das Pferd geradezurichten und übernimmt diese Übung dann auf eine gebogene Linie wie die Zirkellinie. Erst wenn dies sicher und ohne Taktverlust gelingt, kann man auch auf komplizierter Linienführung sein Pferd geraderichten. Jeden Tag muss das Pferd aufs Neue geradegerichtet werden – ein ganzes Pferdeleben lang.

Das Reiten von Wendungen

Ein junges Pferd wird in seinem Gleichgewicht und seiner Geschmeidigkeit gefördert, indem man viele Wendungen reitet. Vom Reiter verlangen sie, dass er sein Pferd sicher an die Hilfen stellen kann und in der Lage ist, feinfühlig mit den Zügeln zu führen. Der innere Zügel gibt den Grad der Stellung und Biegung vor, während der äußere Zügel so weit nachgibt, dass eine Stellung und Biegung möglich ist, aber das Pferd in seiner Biegung begrenzt. Das bedeutet: In Wendungen muss man immer das Pferd mit dem äußeren Zügel geradehalten wollen. Somit geht das Pferd auch in einer Wendung deutlich am äußeren Zügel. Die Führung am äußeren Zügel zusammen mit dem äußeren Schenkel verhindert, dass das Pferd über die äußere Schulter flieht.

Im Galopp auf freier Linie zeigt sich besonders, wenn die Geraderichtung wie hier sehr gut gelingt. (Foto: Julia Wentscher)

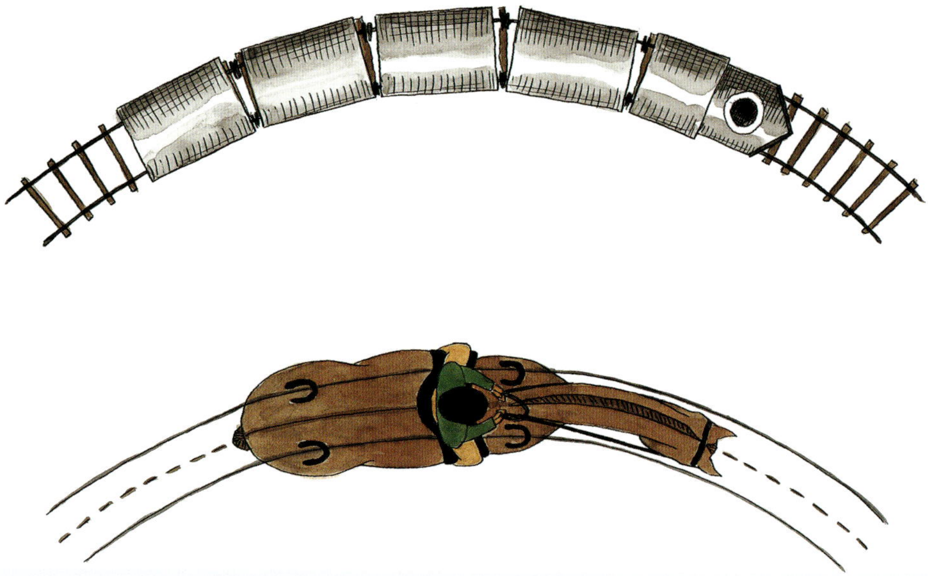

Das Pferd ist mit seiner Längsachse der Hufschlaglinie angepasst, es geht wie auf Eisenbahnschienen: Die Hinterhufe treten genau in die Spur der Vorderhufe. (Zeichnung: Krumm)

So ist sichergestellt, dass das Pferd in der Spur läuft und nicht nur im Widerrist abknickt.

Der innere Schenkel treibt das Pferd so vor, als ob es aus dem Zirkel hinausgetrieben werden sollte. Gleichzeitig verhindert der äußere Schenkel jedoch, dass das Pferd mit der Hinterhand die Zirkellinie nach außen verlässt. Es geht also um ein ständiges Korrespondieren zwischen dem inneren Schenkel und dem äußeren Zügel: Man spricht von den diagonalen Hilfen.

Um den gymnastischen Wert der Bahnfiguren nicht zu zerstören, ist es wichtig, die Linien ganz genau einzuhalten.

Der ständige Wechsel in der Hilfengebung, die halben Paraden, die für die Einleitung einer jeden neuen Lektion nötig sind, wären wirkungslos, wenn man nicht ganz penibel auf die präzise Ausführung achtet. Wer nach dem Motto reitet: „Na ja, in der nächsten Runde machen wir es besser“, verliert einen großen Teil des Lernprozesses für Reiter und Pferd.

Man unterscheidet Wendungen aus der Bewegung und Wendungen aus dem Halten. Wendungen aus der Bewegung sind: Ecke, Volte, Kehrtvolte, aus der Ecke kehrt und Schlangenlinien. Später kommen Kurzkehrt und die halben Schritt- und Galopppirouetten hinzu. Wendungen aus dem Halten sind Vorhandwendung und Hinterhandwendung.

Das Wichtigste beim Reiten von Wendungen auf gebogenen Linien ist, dass sich die Vorder- und Hinterbeine des Pferdes auf einer Linie bewegen. Die Hinterfüße dürfen nicht nach innen oder außen neben die Spur der Vorderfüße treten. Das bedeutet, dass das

Pferd eine Längsbiegung des ganzen Körpers einnimmt (und nicht nur des Halses), die der Hufschlagfigur entspricht. Bei der Kurzkehrtwendung sowie der Schritt- und Galopppirouette dreht sich die Vorhand um die Hinterhand. Dabei muss die Fußfolge im Schritt oder im Galopp unbedingt erhalten bleiben. Geht sie verloren, ist diese Lektion, die ein hohes Maß an Versammlung erfordert und damit ganz oben im Trainingsbaum angesiedelt ist, nicht gelungen.

Bei Wendungen aus der Bewegung treten die Hinterhufe genau in die Spur der Vorderhufe. Das Pferd ist mit seiner Längsachse der Hufschlagfigur angepasst. Es wird auch in der Wendung am äußeren Zügel geführt.

Das häufige Reiten von Wendungen ist das Gerüst jeder weiteren Ausbildung von Reiter und Pferd bis in die höchsten Klassen.

Schlangenlinien

Schlangenlinien durch die ganze Bahn werden anfangs mit drei oder vier Bögen verlangt, später können es fünf Bögen werden. Die Schlangenlinien beginnen und enden Mitte der kurzen Seiten. Man beginnt zum Beispiel eine Schlangenlinie mit drei Bögen bei A mit einer halben Volte, rundet die Ecke also ab, stellt das Pferd gerade, reitet ein Stück geradeaus, stellt das Pferd über der Mittellinie um und greift dabei die Zügel nach. Der folgende Halbbogen auf der anderen Hand berührt dabei den Hufschlag beim HB-Punkt Mitte der langen Seite. Es folgt wieder eine gerade Linie über die Mittellinie bis zum nächsten Bogen, der dann Mitte der kurzen Seite bei C endet. Die folgende Ecke muss dann wieder korrekt ausgeritten werden. Es kommt darauf an, dass das Pferd sich willig umstellen lässt und zwischen den Bögen geradeaus gestellt wird.

Schlangenlinien an der langen Seite sind schon ein wenig schwieriger. Sie werden als einfache oder doppelte Schlangenlinien geritten. Bei der einfachen Schlangenlinie beträgt die größte Entfernung zum Hufschlag fünf Meter an der Mitte der langen Seite. Das ist ein Viertel der Bahnbreite. Nach dem korrekten Durchreiten der Ecke wendet man nun am Wechselpunkt (und nicht erst am

Zirkelpunkt) ab. Das Pferd ist nach innen gestellt und leicht gebogen. Nach circa zwei Pferdelängen wird das Pferd umgestellt, sodass der bisherige äußere Schenkel zum inneren wird. In Höhe des HB-Punktes ist mit fünf Metern der größte Abstand zum Hufschlag erreicht. Dort wird das Pferd zum Hufschlag zurückgeführt und etwa zwei Pferdelängen vor Erreichen des Hufschlags erneut umgestellt. Am Wechselpunkt ist der Hufschlag wieder erreicht, sodass eine korrekte Ecke folgen kann.

Bei der doppelten Schlangenlinie geht alles etwas schneller. Der größte Abstand zum Hufschlag, der zwischen Wechselpunkt und HB-Punkt liegt, beträgt nur noch 2,5 Meter.

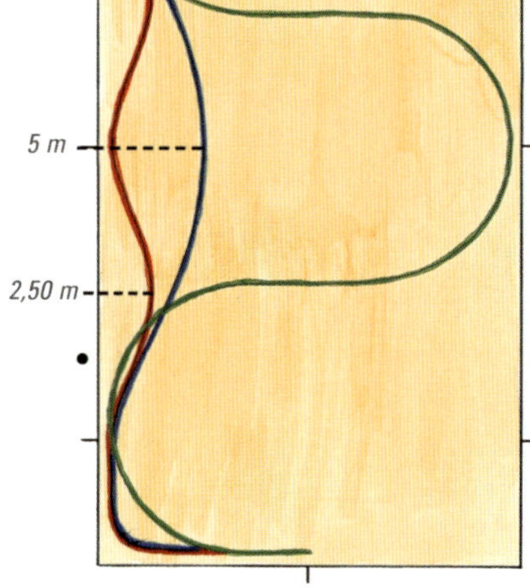

Zwischen beiden Bögen berührt man den Hufschlag am HB-Punkt. Das Pferd muss also ziemlich schnell bei jedem Richtungswechsel umgestellt und gebogen werden. Das erfordert, dass der Reiter die Hilfen absolut sicher gibt und dass das Pferd locker und geschmeidig folgen kann. Jedes Ziehen und Zerren des Reiters und jedes Klemmen des Pferdes werden sofort sichtbar. Doppelte Schlangenlinien sind also ein prima Prüfstein für den einfühlsamen, unabhängigen Sitz des Reiters und für die Losgelassenheit und Geschmeidigkeit des Pferdes.

Ecken, Volten und Kehrtvolten

Weil die Ecken in der Reitbahn ein Viertel einer Volte beschreiben, werden die Ecken zu Beginn der Ausbildung eines Pferdes auf ein Viertel einer Zehn-Meter-Volte abgerundet. Eine genau ausgerittene Ecke ist eine gute Vorbereitung für eine ganze Volte. Mit zunehmender Gymnastizierung wird tiefer in die Ecke hineingeritten.

Die Volte ist kreisrund und endet genau an dem Punkt, an dem sie begonnen wurde. Das Pferd soll ohne Takt- und Schwungverlust mit den Hinterhufen genau in die Spur der Vorderhufe treten. Die Volte fordert vom Pferd die stärkste Biegung. Ist die Volte kleiner als sechs Meter im Durchmesser, ist keine korrekte Biegung mehr möglich! Sechs-Meter-Volten sind deshalb nur für sehr gut gymnastizierte und versammlungsfähige Pferde sinnvoll.

Aus diesem Grund werden zu Beginn der Ausbildung nur Volten mit einem Durchmesser von zehn Metern gefordert, in der Klasse L beträgt der geforderte Durchmesser acht Meter. Die Hilfengebung ist die gleiche wie beim Durchreiten einer Ecke. Während der Volte ist es wichtig, mit Geduld und Feingefühl das Pferd durch die Wendung zu führen. Der innere Schenkel veranlasst den inneren Hinterfuß energischer unterzutreten, während der äußere Schenkel das Pferd am Ausfallen hindert. Sind der innere Zügel zu stramm und der innere Schenkel zu stark, wird das Pferd herumgezogen. Wenn der äußere Schenkel zu schwach ist, fällt es mit der Hinterhand aus. Man führt das Pferd mit beiden Händen und den fein abgestimmten Schenkel- und Gewichtshilfen bis über den Scheitelpunkt der Volte hinaus. Danach denkt man nur noch an den Kreis, den man reiten soll. Soll aus dem Kreis kein Ei werden, dürfen die Schenkelhilfen im letzten Teil der Volte nicht zu stark sein.

Die Kehrtvolte und aus der Ecke kehrt werden in der ersten Hälfte wie eine Volte geritten. Am Höhepunkt der Volte wird das Pferd jedoch geradeaus gestellt und auf gerader Linie in schräger Richtung auf den Hufschlag zurückgeführt. Erst dort wird das Pferd umgestellt.

In allen Übungen auf gebogenen Linien wird das Pferd trotz der Stellung und Biegung nach innen am äußeren Zügel geführt. Der innere Schenkel sorgt für die Vorwärtsbewegung, der äußere Schenkel begrenzt die Seitwärtsbewegung. Die Hinterfüße des Pferdes müssen immer genau in die Spur der Vorderfüße treten.

Jede Ecke ist eine Viertelvolte und sollte genauso konzentriert geritten werden.

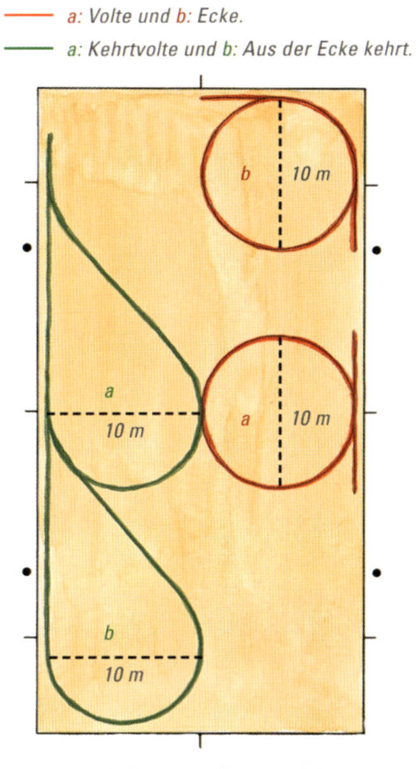

Schenkelweichen

Obwohl das Schenkelweichen eine Vorwärts-seitwärts-Bewegung ist, gehört diese Lektion nicht zu den Seitengängen. Als lösende Übung ist sie sehr nützlich zu Beginn der Dressurausbildung. Auch am Anfang der geraderichtenden Arbeit ist das Schenkelweichen eine sehr lehrreiche Lektion für Reiter und Pferd. Sie schult das Gefühl für den richtigen Einsatz der Hilfen, besonders der diagonalen Hilfen.

Schenkelweichen soll die Durchlässigkeit und Losgelassenheit des Pferdes fördern. Richtig gerittenes Schenkelweichen sensibilisiert das Pferd und den Reiter gleichermaßen für die seitwärtstreibenden Hilfen. Durch das Schenkelweichen treibt man das Pferd mit dem inneren Schenkel vermehrt an den äußeren Zügel heran. Bei dieser Übung bewegt sich das Pferd mit geringer Stellung, aber ohne Biegung vorwärts-seitwärts auf vier Hufschlägen, wobei es doppelt so viel vorwärtstritt wie es seitwärtsgeht. Der innere Vorderfuß und der innere Hinterfuß treten gleichmäßig vor und über das äußere Beinpaar. Die Stellung des Pferdes erfolgt immer zur Seite des treibenden Schenkels, auch wenn der Schenkel der Bande zugewandt ist. Schenkelweichen wird normalerweise an der Bande entlang geritten. Wenn man den äußeren Schenkel weichen lässt, tritt die Hinterhand in die Bahn hinein; weicht hingegen das Pferd dem inneren Schenkel, ist die Vorhand in die Bahn gerichtet.

Später, wenn es um Schwungentfaltung und Versammlung geht, ist das Schenkelweichen nicht mehr ratsam, weil das Pferd aufgefordert wird, dem Schenkel auszuweichen, und die Vorhand nicht auf die Hinterhand eingestellt wird.

Der Reiter sitzt mehr auf dem inneren Gesäßknochen, den er vorwärts-seitwärts belastet. Der innere Schenkel liegt leicht hinter

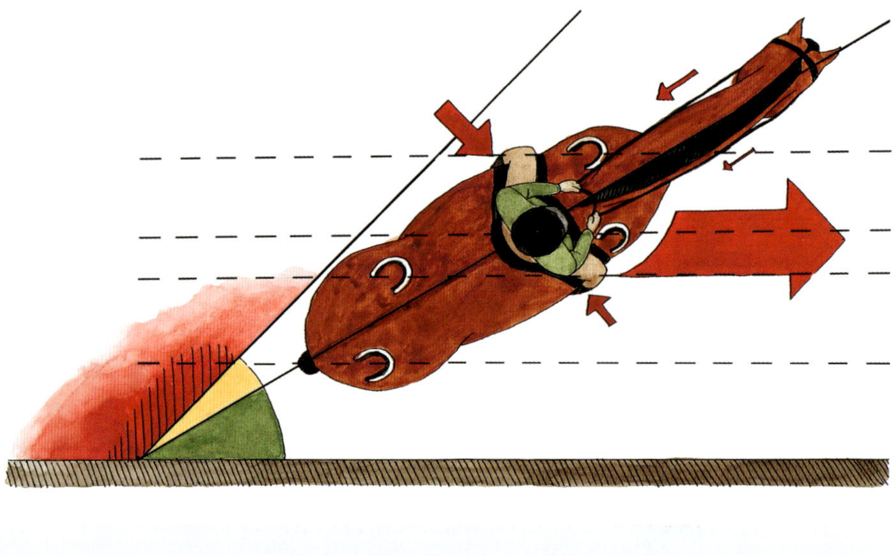

Das Pferd geht auf vier Hufschlägen. Der innere Schenkel sorgt für das Vorwärts und der innere Zügel gibt die Stellung vor, während der äußere Schenkel und der äußere Zügel verwahren und begrenzen. Schenkelweichen ist eine lösende Übung. (Zeichnung: Krumm)

dem Gurt und treibt vorwärts-seitwärts, während der äußere Schenkel verwahrend hinter dem Gurt liegt, um ein zu weites Herumtreten der Hinterhand zu verhindern. Der innere Zügel gibt dem Pferd eine leichte Stellung, und der äußere Zügel gibt zwar so viel nach, wie es die Stellung erfordert, begrenzt aber eine zu starke Abstellung des Halses und damit ein Ausfallen über die Schulter. Das Pferd bleibt in sich gerade.

Die Stellung erfolgt zur Seite des treibenden Schenkels.

Viereck verkleinern und vergrößern

Diese Übung wird in der Hilfengebung wie das Schenkelweichen geritten, nur dass das Pferd sich auf diagonalen Linien bewegt und keine optische Begrenzung durch die Bande hat. Sie soll das Pferd gehorsam auf den vorwärts-seitwärts-treibenden Schenkel und den führenden, begrenzenden äußeren Zügel machen.

Korrektes Viereck verkleinern und vergrößern ist ein guter Prüfstein, ob das Pferd an den Hilfen steht. Die Übung wird in vielen A-Dressuraufgaben verlangt.

Nach Durchreiten der ersten Ecke zur langen Seite stellt der Reiter sein Pferd am Wechselpunkt leicht nach außen und schiebt es mit dem neuen inneren Schenkel (vorher war er der äußere) vorwärts-seitwärts auf einer schrägen Linie in die Bahn hinein. Das Pferd soll dabei parallel zur Bande gerichtet sein. Die Hinterhand darf nicht weiter in die Bahn vortreten als die Vorhand. Das innere Hinterbein tritt in Richtung Schwerpunkt vor. In Höhe des HB-Punktes sind Reiter und Pferd fünf Meter von der Bande entfernt. Das Viereck ist verkleinert. Dort wird das Pferd geradegerichtet, eine Pferdelänge geradeaus geritten, dabei umgestellt und entsprechend bis zum Wechselpunkt zurückgeritten. Das Viereck wird im Schenkelweichen wieder vergrößert. Danach folgt dann wieder die korrekte Ecke.

Da das Pferd im Schenkelweichen, also auch beim Viereck-verkleinern und vergrößern, mehr vorwärts- als seitwärtstreten soll, muss die Vorhand immer vorausgehen. Das Pferd geht parallel zur Bande. Tritt das Pferd mit der Hinterhand in die Bahn hinein, ist das fehlerhaft, denn es fehlt der verwahrende äußere Reiterschenkel.

Sowohl beim Schenkelweichen als auch beim Viereck-verkleinern und -vergrößern können eine Menge Fehler gemacht werden, die diese Lektion wertlos werden lassen: Der Reiter verspannt sich, verdreht den Körper und knickt in der Hüfte ein. Er belastet den inneren Gesäßknochen nicht korrekt nach vorwärts-abwärts und nimmt den inneren treibenden Unterschenkel zu weit zurück. Er fühlt nicht, in welchem Moment die treibende Hilfe kommen muss. Häufig liegt auch der äußere Schenkel falsch und die Vorwärtsbewegung geht verloren. Meist zieht der Schüler dann am inneren Zügel. Der Pferdehals wird dadurch zur Seite gezogen und das Pferd „flieht“ über die äußere Schulter. Das Ganze endet im Durcheinander: Das Pferd verwirft sich im Genick oder im Hals. Es geht gegen das Gebiss oder knirscht mit den Zähnen, es verändert das Tempo und entzieht sich, indem es über die äußere Schulter ausfällt. Die Hinterbeine kreuzen nicht oder die Hinterhand weicht nach außen aus. Schenkelweichen sollte also nur geritten werden, wenn der Sitz und damit die Hilfengebung des Reiters gefestigt sind und wenn das Pferd sicher an den Hilfen steht. Anderenfalls ist Schenkelweichen nicht sehr nützlich, sondern sogar schädlich.

Balance

Ohne Reiter bewegt sich ein Pferd mühelos im Gleichgewicht. Mit dem Reiter auf seinem Rücken muss es jedoch seine Balance erst wieder finden. Die Voraussetzung für die seitliche Balance ist die Geraderichtung. Das geradegerichtete Pferd, das sich mit unsichtbaren Hilfen mühelos biegen lässt und dabei „wie auf Schienen geht“, ist nach beiden Seiten ausbalanciert. Man kann dies überprüfen, indem man die Zügel auf gerader und auf gebogener Linie in eine Hand nimmt. Die Anlehnung muss dabei erhalten bleiben und das Pferd muss weiter in der Spur bleiben. Man prüft damit, ob das Pferd an den Gewichts- und Schenkelhilfen steht. Früher war diese Übung Bestandteil jeder Dressurprüfung ab Klasse L. Es ist sehr schade, dass dies abgeschafft wurde. Viele Reiter und Pferde würden in höheren Klassen ein besseres Bild abgeben.

Warum ein Pferd nach den Seiten ausbalanciert sein sollte, kann man sich am einfachsten vor Augen führen, wenn man es mit einem Fahrrad vergleicht. Auf einem gut ausbalancierten Fahrrad kann man mühelos freihändig fahren. Man braucht weder die Hände noch die Arme, um das Rad im Gleichgewicht zu halten. Ist das Fahrrad in sich nicht gerade, muss man die Arme als Balancierstange einsetzen und mit dem ganzen Oberkörper gegensteuern. Legt sich also ein Pferd

Es lohnt sich, in den verschiedenen Gangarten häufiger die Zügel in eine Hand zu nehmen, um die Balance zu überprüfen. Diese Übung ist außerdem eine gute Sitzschulung für den Reiter.

beispielsweise permanent auf die linke Schulter, führt das dazu, dass der Reiter im linken Zügel hängt (bis der Arm schmerzt) oder, was häufig passiert, in der linken Hüfte einknickt. Während Fahrräder in der Werkstatt repariert werden können, hilft beim Pferd nur mit sehr viel Geduld und Ausdauer täglich neu all diejenigen Lektionen zu reiten, die die Geraderichtung und die Biegsamkeit nach beiden Seiten fördern.

In der bisherigen Ausbildung war das Hauptaugenmerk auf die Entspannung und Dehnung der Muskulatur des Pferdes gerichtet, um einen aufgewölbten, schwingenden Rücken zu erhalten. Das Pferd durfte sich vorwärts-abwärts dehnen, ohne dass man sich Sorgen machte, dass es mehr oder weniger auf die Vorhand kam. Die Hinterhand schob mehr, als dass sie trug. Jetzt ist es an der Zeit, die Hinterbeine weiter unter den Schwerpunkt treten zu lassen und somit eine Balance von hinten nach vorn zu erreichen. Die Hinterhand nimmt allmählich mehr Gewicht auf und die Vorhand wird entlastet. Das wird „relative Aufrichtung“ genannt. Viele halbe Paraden vor jeder korrekt ausgerittenen Ecke und Tempounterschiede innerhalb des Trabs und Galopps sowie ganze Paraden aus Trab und Galopp helfen dabei, das Pferd von hinten nach vorn an das Gebiss zu schieben. Das ist ein langer Weg, der nur schrittweise begangen werden kann. Jeder übereilte Schritt, das heißt, jede übermäßige Zügeleinwirkung, die ohne Kreuz- und Schenkeleinsatz gegeben wird, rächt sich: Das Pferd kommt dann in eine falsche, die sogenannte absolute Aufrichtung. Es drückt dabei den Rücken weg und stellt die Hinterhand nach hinten heraus. Es nimmt keine Last auf.

Schultervor und Schulterherein

Ist das junge Pferd so weit gefördert, dass es sich auf beiden Händen gleichmäßig stellen und biegen lässt, hat es eine gute seitliche Balance gefunden. Nun können allmählich die Seitengänge hinzukommen. Sie sind versammelnde Lektionen und fördern nicht nur die seitliche Balance, sondern auch die Balance von hinten nach vorn, weil sie die Hinterhand mehr unter den Schwerpunkt schieben.

Durch Seitengänge lernt der Reiter seine Hilfen sehr präzise einzusetzen und das Pferd wird aufgefordert, den inneren Hinterfuß nicht nur genau auf die Spur des inneren Vorderfußes zu setzen, sondern auch mehr Last aufzunehmen. Das ist die unbedingte Voraussetzung für die spätere Versammlung.

Seitengänge sind im Grunde die Fortsetzung der Geraderichtung. Deshalb beginnt man mit einem angedeuteten Schultervor. Für diese Übung wird die Vorhand in die Bahn geführt, während die Hinterhand auf dem Hufschlag weiter geradeaus läuft. Es wird also eine Biegung durch das ganze Pferd gefordert.

Je nachdem, wie weit die Vorhand in die Bahn geführt wird, spricht man von Schultervor oder Schulterherein. Anfangs werden diese Übungen auf dem Hufschlag geritten, weil die Bande Pferd und Reiter eine Begrenzung gibt. Beiden fällt es somit sehr viel leichter, sich auf den Bewegungsablauf und die Längsbiegung zu konzentrieren. Später, wenn im weiteren Verlauf der Ausbildung diese Lektionen gefestigt sind, können sie auf dem zweiten oder dritten Hufschlag und auf der Mittellinie geritten werden. Das hat den Vorteil, dass der Reiter lernt, die äußeren Hilfen so zu dosieren, dass das Pferd auch ohne Bande mit einer geringen oder später stärkeren Biegung schnurgerade gehen kann.

Im Schulterherein wird die Vorhand in einem Winkel von ungefähr 30 Grad in die Bahn hineingeführt. Das Pferd geht damit exakt auf drei Hufschlägen. Von vorn beobachtet kann man nur drei Pferdebeine sehen. Die Hinterbeine fußen nebeneinander mehr

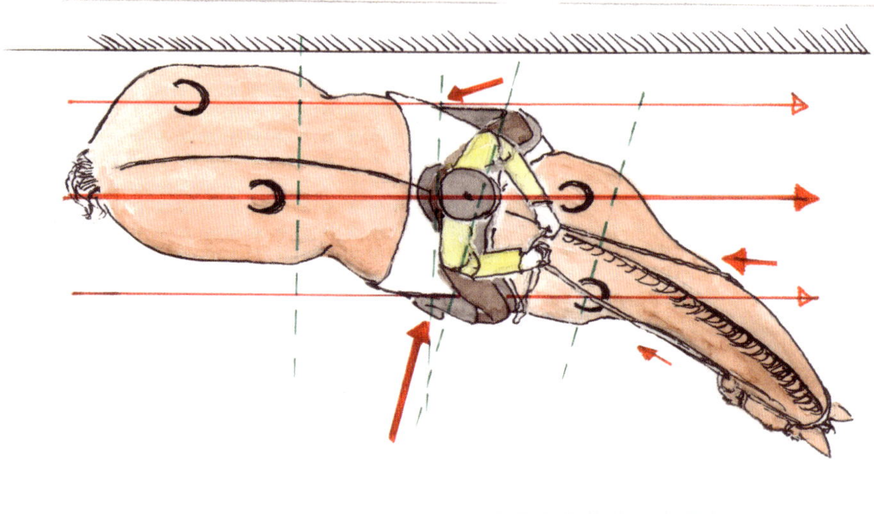

Der innere Schenkel und der innere Zügel sorgen für die Vorwärtsbewegung, für Stellung und Biegung. Der äußere Schenkel und der äußere Zügel verwahren und begrenzen. Das Pferd wird am äußeren Zügel geführt. (Zeichnung: Hagen)

unter den Schwerpunkt, während die Vorderbeine geringfügig kreuzen.

Natürlich fängt man mit einer ganz geringen Abstellung an. Im verkürzten Trab beginnt man wie bei den ersten Ansätzen zur Geraderichtung mit einer Abstellung, die kaum sichtbar ist – vielleicht nicht mehr als eine Hufbreite. In dieser Abstellung reitet man so lange, bis das Pferd keine Schwierigkeiten mehr hat, mit gleichmäßigem Takt und Schwung weiterzutraben. Stellt man gleich zu Anfang zu weit ab und fordert zu viel Biegung, kommt es zu Taktverlust und Unreinheit der Fußfolge. Erst wenn Pferd und Reiter mit dem neuen Bewegungsablauf ohne Schwierigkeiten gut zurechtkommen, werden langsam, aber konsequent immer mehr Stellung und Biegung gefordert, indem die Schulter immer weiter in die Bahn gebracht wird. Irgendwann ist dann über das Schultervor ein korrektes Schulterherein erreicht.

Bei der Hilfengebung zum Schultervor und Schulterherein ist wichtig, dass der innere Gesäßknochen vorwärts-abwärts belastet und der innere Steigbügel gut ausgetreten werden. Der Reiter sollte das Gefühl haben, dass er an der inneren Seite des Pferdes hinunterfließt. Der lange innere Schenkel treibt vorwärts-seitwärts und sorgt damit für die Biegung des Pferdes und für ein fleißiges Abfußen des inneren Hinterfußes. Der äußere Schenkel liegt verwahrend hinter dem Gurt und verhindert ein Ausweichen der Hinterhand. Der innere Zügel wird vor Beginn der Lektion etwas kürzer gefasst, bei den ersten Versuchen dieser Übung darf er auch kurz seitwärts weisen. Er führt das Pferd in die Bahn hinein. Im weiteren Verlauf ist der innere Zügel mit dem inneren Schenkel dafür zuständig, dass das Pferd gestellt und gebogen ist. Wird der innere Zügel ohne genügenden Einsatz des inneren Schenkels zu stramm geführt, verwirft sich das Pferd im

Schultervor und späteres Schulterherein sind eine hervorragende Schulung für das junge Pferd und den jungen Reiter. Sie schulen das Pferd unter den Schwerpunkt zu treten und dabei die Balance zu halten. Außerdem wird die Schulterfreiheit gefördert. Der junge Reiter lernt, seine Hilfen bewusst und fein abzustimmen. Wenn diese Lektionen sicher gelingen, fallen alle weiteren Seitengänge ganz leicht. Man sagt, dass Schulterherein die „Mutter aller Seitengänge“ ist.

Das Pferd verwirft sich im Genick. Der innere Zügel ist zu stramm und der innere Schenkel zu schwach. Pferd und Reiterin sind noch nicht reif für diese Lektion.

Beim Schultervor werden die Schultern des Pferdes so weit in die Bahn geführt, dass das äußere Vorderbein in eine Spur zwischen die Spuren der Hinterbeine tritt. Von vorn sind deshalb alle vier Beine zu sehen.

Genick. Der äußere Zügel begrenzt die Stellung und Biegung. Er bleibt aber der führende Zügel. Wenn die Lektion ohne Taktverlust sicher gelingt, sollte man auch im Schultervor oder Schulterherein mit dem inneren Zügel überstreichen können. Dann steht das Pferd an den Gewichts- und Schenkelhilfen.

Ein langsames, systematisches Vorgehen bei den Lektionen Schultervor und Schulterherein ist unverzichtbar, damit Takt und Schwung nicht verloren gehen. Die Abstellung wird erst später nach und nach erhöht. Auch wenn mit Stellung und Biegung geritten wird, ist der äußere Zügel der führende.

Korrektes Schulterherein: Das äußere Vorderbein fußt auf der gleichen Spur wie das innere Hinterbein. (Fotos: Christiane Slawik)

Mitteltrab und Mittelgalopp

Zu Beginn der Ausbildung sollte man sich mit einer Verlängerung der Tritte beziehungsweise Sprünge begnügen. Für eine korrekte Verstärkung muss das Pferd gut ausbalanciert sein, weil die Schwebephase viel ausgeprägter wird. Eine gute Verstärkung kann sich nur aus einer Versammlung heraus ergeben. Die Hinterhand soll tragen und nicht schieben, sonst gerät die Verstärkung zu einem strampelnden Laufen: Die Vorderbeine strecken sich weit nach vorn und die Hinterbeine treten nicht dynamisch mit. Im Grunde genommen gehören die Verstärkungen nicht in eine A-Dressur, weil das Pferd noch nicht genügend Versammlungsfähigkeit und Tragkraft entwickeln konnte.

Die Verstärkungen aus dem Arbeitstempo oder dem versammelten Tempo heraus werden im Trab und Galopp im Prinzip auf die gleiche Weise und meist auf gerader Linie geritten. Man kann sie aber auch auf der Zirkellinie reiten, um den Vortritt des inneren Hinterfußes zu verbessern.

Um an der langen Seite Mitteltrab oder -galopp zu reiten, nutzt man bereits beide Ecken der vorangegangenen kurzen Seite aus, um mit dem inneren Schenkel das Pferd zum vermehrten Untertreten zu veranlassen. Der äußere Schenkel verhindert ein Ausfallen der Hinterhand. Halbe Paraden „spannen" das Pferd, es wird versammelt. Nach der ersten Ecke der langen Seite, die gut auszureiten ist, wird das Pferd geradegerichtet und beidseitig treibende Hilfen lassen den Schwung heraus, der an der kurzen Seite aufgebaut worden ist. Die Fäuste gehen ein wenig vor, sodass das Pferd in der Lage ist, die Nase etwas mehr vor die Senkrechte zu nehmen und mit weiten Tritten oder Sprüngen aus der Hinterhand heraus nach vorn zu gehen. Es erweitert seinen Rahmen. Dabei sollte man an Schultervor denken, damit der innere Hinterfuß nicht in die Bahn hineintritt und das Pferd schief geht. Der Takt aus dem Arbeitstempo darf auf keinen Fall eiliger werden; er darf im Gegenteil sogar eher langsamer werden, weil die Schwebephase größer geworden ist.

Um das Pferd in das Arbeitstempo zurückzuführen, gibt man zwei bis drei Pferdelängen vor dem verlangten Punkt mehrere halbe Paraden. Bitte nicht vergessen, zwischen den halben Paraden immer wieder nachzugeben, um nicht ins Ziehen zu geraten. Die

Im Mitteltrab wird der Rahmen des Pferdes erweitert.

Im versammelten Tempo ist der Rahmen zusammengeschoben.

treibenden Hilfen werden stärker und mit kurzen annehmenden Zügelhilfen schiebt man das Pferd zusammen, bis man das gewünschte Tempo (Arbeitstempo oder versammeltes Tempo in der L-Dressur) erreicht hat.

Beim Übergang vom Mittelgalopp zum Abeitsgalopp oder versammelten Tempo muss man genauso energisch sitzen wie beim Angaloppieren, damit das Pferd nicht in den Trab ausfällt. Der innere treibende Schenkel ist jetzt wichtig.

Eine gute Übung zur Verbesserung der Balance ist das Verkleinern und Vergrößern des Zirkels im Trab und Galopp mit Tempounterschieden vom Arbeitstempo bis zum verstärkten Tempo. Man verkleinert im verkürzten Tempo und vergrößert im freieren Tempo. Auf diese Weise muss das Pferd mit dem inneren Hinterfuß vermehrt untergreifen, um die Balance zu halten.

Kleine Geländesprünge tun jedem Pferd gut und fördern die Balance.

Balance im Gelände und bei der Springgymnastik

Die Förderung der Balance eines jungen Pferdes kann und sollte man auf vielfältige Weise fördern. So bringt man Abwechslung in die tägliche Arbeit und erhält die Gehfreude. Im Gelände nutzt man kleine Kletterhänge und Bodenunebenheiten, die im Schritt passiert werden. Das fördert das Ausbalancieren und die Geschmeidigkeit des Pferdes sehr. Im dichteren Gestrüpp muss das Pferd den Rücken aufwölben, die Nase ganz tief tragen und die Beine über kleine Äste heben, während der Reiter sich über den Pferdehals beugen muss, um seinerseits tief hängenden Zweigen auszuweichen. Da ist Balance nötig, um nicht zu straucheln. Das schafft Vertrauen zwischen dem Reiter und seinem Pferd und macht Spaß. Voraussetzung ist natürlich, dass das Pferd dabei ständig leicht im Genick und Maul ist und sicher an den Schenkelhilfen steht.

Die Springgymnastik sollte jetzt anspruchsvoller gestaltet werden als zu Beginn der Ausbildung. Ein dem Pferd angepasstes Grundtempo kann durch den kleinen Parcours konstant gehalten werden. Rhythmisch lassen sich die Galoppsprünge verlängern und verkürzen und es ist kein Problem, die geforderte Anzahl der Galoppsprünge zwischen den niedrigen (!) Hindernissen einzuhalten. Das junge Pferd lässt sich nun mühelos am äußeren Zügel durch die Wendungen führen. Es wechselt mit korrekten Paraden über wenige Trabtritte den Galopp. Vielleicht wechselt es sogar von allein fliegend über einem Sprung den Galopp? Dann ist ein großes Lob fällig!

Wenn eine gute Balance nach allen Seiten gewährleistet ist, hat man eine solide Grundlage für die weitere Ausbildung, und ein wichtiges Etappenziel ist erreicht.

Das Ergebnis dieser konsequenten Arbeit ist die schon erwähnte relative Aufrichtung: Die Hinterhand nimmt mehr Last auf und die Vorhand wird leichter. Die Bewegungen werden erhabener, das Pferd scheint bergauf zu gehen.

Die Kandare – eine Reifeprüfung

Wenn der Reiter aus einem elastischen, ausbalancierten Sitz heraus in der Lage ist, alle Hilfen unabhängig voneinander zu geben und zu koordinieren, kann er beginnen auf Kandare zu reiten. Das Wichtigste ist aber eine von der Körperbewegung unabhängige, ruhige und feinfühlige Hand. Auf einem ausgebildeten Pferd sollte der Reiter die typischen Lektionen der Klasse L auf Trense ohne Schwierigkeiten reiten können.

Das Pferd sollte alle bisherigen Ausbildungsstationen sicher durchlaufen haben. Es muss ganz sicher an das Trensengebiss herantreten und es darf keinen großen Unterschied mehr zwischen der „Schokoladenseite“ und der „Zwangsseite“ geben – was nicht bedeutet, dass man nicht immer wieder an der gleichmäßigen Anlehnung und an der Geraderichtung arbeiten muss. Das Pferd soll weich und leicht durchs Genick treten und selbstverständlich an den Hilfen stehen. Es muss sich bei guter Balance geraderichten lassen. Eine beginnende Versammlung sollte erkennbar sein, sodass es sicher den Anforderungen und Lektionen der Klasse L auf Trense genügt.

Wenn jemand behauptet: „Mein Pferd geht nur auf Kandare“, kann man sicher sein, dass etwas in der Ausbildung nicht stimmt. Es muss jederzeit möglich sein, von der Kandare auf die Trense umzustellen.

> Grundsätzlich wird ein Pferd bis in die höchsten Klassen auf Trense ausgebildet. Auch Piaffe und Passage, die ein Höchstmaß an Versammlung erfordern, werden auf Trense erarbeitet. Man kann nichts mit Kandare erzwingen, was auf Trense nicht gekonnt wird.

Aufbau und Wirkung der Kandare

Das Kandarengebiss ist ein Stangengebiss. Es hat ein ungebrochenes Mundstück mit zwei seitlichen Hebeln, den sogenannten Anzügen. Je länger die Anzüge sind, desto stärker ist zusammen mit der Kinnkette die Wirkung. In der Mitte der Stange befindet sich ein mehr oder minder ausgeprägter Bogen, die sogenannte Zungenfreiheit. Ihre Ausprägung ist ebenfalls wichtig für die Schärfe einer Kandare – je größer sie ist, umso schärfer wirkt die Kandare. Die Breite des Gebisses muss dem Pferdemaul exakt angepasst werden, sodass es weder einengt und klemmt noch zu breit ist und im Maul hin und her rutschen kann.

Die Kinnkette besteht aus vielen ineinander verschlungenen Ringen, die zu einem glatten Band ausgedreht werden müssen. Die Länge der Kinnkette ist für die Wirkung des Gebisses entscheidend, weil sie den Angelpunkt des Hebels bildet. Hat die Kette die richtige Länge, bilden die Anzüge bei leicht angenommenen Zügeln einen Winkel von 45 Grad zur Maulspalte. Wenn sie länger ist, wird der Winkel größer – die Kandare „fällt durch“. Sie hat dann kaum noch Wirkung. Ist die Kette zu stramm, wird der Winkel kleiner und die Kandare „strotzt“. Dann ist die Wirkung so scharf, dass das Pferd Schmerzen empfindet.

Eine nicht optimal angepasste Kandare kann für das Pferd sehr unangenehm und schmerzhaft sein. Die Folgen sind schwer zu korrigieren.

Links: Die Kinnkette ist zu lang: Der Winkel zwischen Maulspalte und Anzügen wird zu groß, die Kandare „fällt durch“!

Rechts: Die Kinnkette ist zu kurz: Der Winkel zwischen Maulspalte und Anzügen ist zu gering, die Kandare „strotzt“.

Um die Wirkung einer Kandare zu erspüren, sollte man sich einen Kandarenzaum einmal selbst „anlegen": Man stellt ein Bein auf einen Hocker, das Knie stellt die Pferdestirn dar. Das Stangengebiss liegt auf dem Schienbein, und die Kinnkette wird um die Wade gelegt und eingehängt. Nun stellt man die Zügel an. Wer auf diese Weise die Wirkung einer Kandare am eigenen Bein verspürt, wird nie vergessen, die Kinnkette auszudrehen, und wird niemals sorglos oder gar ruppig mit einer Kandare umgehen.

Wie die Kandare wirkt, hängt von ihrer Form ab: Soll die Kandare weicher wirken, müssen die Anzüge kürzer sein (gemäß FN sind mindestens fünf Zentimeter) vorgeschrieben, und die Zungenfreiheit sollte gering sein (also nur einen ganz kleinen Bogen beschreiben). Bei einer schärferen Kandare sind die Anzüge länger. Sie dürfen aber nicht länger als zehn Zentimeter sein. Die Zungenfreiheit beschreibt einen stärker ausgeprägten Bogen.

Verpassen des Kandarenzaumes

Die Auswahl des Gebisses, das Verpassen der Kandare und das Einhängen der Kinnkette sollte nur von einem erfahrenen Ausbilder oder Reiter vorgenommen werden. Zur Zäumung auf Kandare gehört immer ein englisches Reithalfter. Der Nasenriemen wird in der Höhe so verpasst, dass zwei Finger zwischen Jochbeinende und Nasenriemen Platz haben. Der Riemen wird wie bei der Zäumung auf Trense zugeschnallt, damit sich das Pferd nicht durch Maulaufsperren entziehen kann. Bei sehr empfindlichen Pferden kann man ein auch schmales Stück Gummi oder Schaumstoff zwischen Unterkieferladen und den Sperrriemen legen. Das vermeidet Druckstellen. Der Kehlriemen wird ganz normal locker verschnallt.

Das Trensengebiss liegt immer über dem Kandarengebiss. Die Unterlegtrense muss etwas breiter sein als die Kandarenstange, weil sie ja mindestens einmal gebrochen ist und somit einen leichten Bogen beschreibt.

Das Trensengebiss wird so hoch verschnallt, dass sich zwei kleine Falten in den Maulwinkeln zeigen. Die Kandarenstange muss direkt unterhalb der Unterlegtrense liegen. Die Kappen des Kandarengebisses sind dann etwas höher als die Kinngrube.

Um mit vier Zügeln zu reiten, bedarf es einiger Übung. Deswegen ist es ratsam, ein- bis zweimal pro Woche auf Kandare zu reiten. Wenn ein junges Pferd zum ersten Mal ein Kandarengebiss im Maul hat oder wenn ein junger Reiter bisher noch nie vier Zügel bewältigen musste, wäre es ein guter Start, wenn man einige Male mit der neuen Ausrüstung in Begleitung anderer Pferde im Gelände spazieren reiten würde. So lernen Reiter und Pferd sich ganz stressfrei an das neue „Gerät" zu gewöhnen.

Es gibt mehrere Arten der Zügelführung, die sich im Lauf der Zeit verändert haben. Die geteilte Zügelführung ist heutzutage die gebräuchliche Zügelführung. Es gibt sie in zwei Varianten.

Beim Reiten auf Kandare muss immer die Trense vorherrschen, das heißt, der Trensenzügel steht an und der Kandarenzügel federt. Weil das Kandarengebiss eine starre Stange ist, muss die Reiterhand in den Wendungen besonders sensibel den äußeren Zügel ein wenig nachlassen und den inneren entsprechend annehmen. Tut er das nicht, „klemmt" die Kandare, das Pferd fühlt sich unwohl und verwirft sich im Genick. Das wird besonders in Wendungen und in den Seitengängen deutlich – da helfen auch korrekte Gewichts- und Schenkelhilfen nicht mehr. Viele Reiter neigen dazu, die Hände zu hoch zu tragen, wenn sie eine Kandare führen. Dann macht sich das Pferd aufgrund der Hebelwirkung zu eng im Hals. Das Pferd soll genauso sicher an die Unterlegtrense und das Kandarengebiss herantreten wie an das normale Trensengebiss. Die Kandare wird nur zur vorübergehenden Feinabstimmung eingesetzt.

Variante 1: Der Trensenzügel liegt ganz normal zwischen Ringfinger und kleinem Finger, während der Kandarenzügel zwischen Ringfinger und Mittelfinger verläuft. Die beiden Zügel kreuzen sich also am Pferdehals.

Variante 2: Der Trensenzügel verläuft unterhalb des kleinen Fingers (also durch die ganze Faust) und der Kandarenzügel zwischen Ringfinger und kleinem Finger (wie bislang der Trensenzügel). Auch hier kreuzen sich die Zügel am Pferdehals.

Große Reitmeister kann man auf Bildern und als Skulpturen bestaunen: Sie reiten auf „blanker Stange". Das heißt, dass sie nur den Kandarenzügel in der Hand haben und der Trensenzügel durchhängt. Dann steht das Pferd ausschließlich am Kreuz und an den Schenkeln in vollendeter Versammlung. Das sollten „Normalreiter" gar nicht erst ausprobieren – diese Vollendung der Reitkunst wird ganz selten erreicht.

Mit der Kandare kann niemals eine Versammlung erzwungen werden! Das führt immer zu einem nach unten weggedrückten Rücken und herausgestellter Hinterhand, die keine Last aufnimmt. Dann kommt es zur „absoluten Aufrichtung", die fehlerhaft ist.

Durchlässigkeit

Ein durchlässiges Pferd zu reiten ist ein wunderschönes Erlebnis. Da kommt es auf den bereits erreichten Ausbildungsstand nicht an.

Durchlässigkeit ist das Ergebnis aller bisher erarbeiteten Punkte des Trainingsbaums. Sie bedeutet, dass eine ständige Verbindung zwischen Hinterhand und Reiterhand besteht, durch die Energie vor- und zurückfließen kann. Die Schubkraft der Hinterhand fließt über den Rücken in die Reiterhand und die Zügelhilfen werden zur Hinterhand durchgelassen. Da darf es weder Schwierigkeiten im Maul geben, weil das Pferd nicht kaut oder womöglich die Zunge seitlich herausstreckt noch Blockaden im Genick- und Halsbereich oder im Rücken. Wenn sich das Pferd trotz sorgfältiger Ausbildung nicht auf beiden Händen gleichmäßig stellen und biegen lässt, deutet das auf mögliche Blockaden hin. Dann sollte ein Tierarzt oder Osteopath hinzugezogen werden. Ein bis hierhin gut gerittenes Pferd lässt alle Hilfen (Gewichts-, Schenkel- und Zügelhilfen) durch: Es ist durchlässig.

Ist keine ehrliche Durchlässigkeit in den ersten Stufen des Trainingsbaums sicherzustellen, sollte so lange weitergearbeitet werden, bis das Pferd locker und aufmerksam leicht an den Hilfen steht.

Der Reiter sollte sich dann immer selbst hinterfragen: Bin ich konsequent und dabei geduldig genug? Wirken meine Hilfen (Gewichts-, Schenkel- und Zügelhilfen) auf die richtige Weise zusammen und sind sie deutlich genug? Herrschen womöglich die Zügelhilfen vor? Vielleicht ist jetzt der Zeitpunkt, einen erfahrenen Ausbilder zu fragen.

Ein durchlässiges Pferd steht aufmerksam an den Hilfen und lässt diese weich durch.

Auf dem Weg zur Feinabstimmung

Man fördert eine Durchlässigkeit durch immer feinere Abstimmung der halben und ganzen Paraden. Wenn jede Ecke, Volte oder Schlangenlinie mit einer halben Parade eingeleitet wird, ist das eine gute Übung, um Durchlässigkeit zu erreichen. Dabei muss man wirklich genau sein. Wenn man sich überlegt, vor der nächsten Ecke mal eine halbe Parade zu geben, nachdem man sie bisher immer weggelassen hat, ist nichts zu erreichen.

Bei den Übergängen vom Galopp in den Trab und vom Trab in den Schritt wird nicht nur einfach mit den Zügeln abgebremst, sondern man schiebt die Hinterhand in der Parade mit beidseitigen Schenkelhilfen und vorwärtstreibender Gewichtshilfe an das Gebiss heran. Mit leicht annehmender Zügelhilfe wird der Vorwärtsdrang abgebremst. Danach muss man gleich wieder nachgeben. Man treibt also das Pferd vom Dreitakt des Galopps in den Zweitakt des Trabs, vom Zweitakt des Trabs in den Viertakt des Schrittes. Das gilt genauso für die ganze Parade zum geschlossenen Halten. Das Pferd muss alle Hilfen ohne Verspannung durchlassen, um sicher ausbalanciert mit genügend untergeschobenen Hinterbeinen zum Halten zu kommen. Das Gewicht von Reiter und Pferd ist dann auf alle vier Beine gleichmäßig verteilt.

Durchlässiges Rückwärtsrichten ist eine versammelnde Übung. Die Fußfolge gleicht der im Trab. Sofortiges Antraben aus dem Rückwärtsrichten erhöht die versammelnde Wirkung.

Ein ausgezeichneter Prüfstein ist das Halten mit anschließendem Rückwärtsrichten. Wenn es jetzt Widerstand im Maul gibt oder die diagonale Fußfolge verloren geht, die Tritte schleppend oder eiliger werden, ist die Durchlässigkeit noch mangelhaft. Gelingt das Rückwärtsrichten leicht und ganz taktmäßig und kann man daraus in der diagonalen Fußfolge locker und taktmäßig antraben, ohne zwischendurch erneut anzuhalten, hat man eine gute Durchlässigkeit erreicht.

Eine ehrliche Durchlässigkeit kann man nicht von heute auf morgen erreichen und schon gar nicht erzwingen. Man muss ständig daran arbeiten. An manchen Tagen machen sich einige Pferde einfach fest – dann sollte man es nicht zu einem Kampf kommen lassen, sondern lieber versuchen, im Leichttraben oder Galoppieren im leichten Sitz das Pferd zu lösen. Es empfiehlt sich, in einem frischen Tempo im Trab oder Galopp das Pferd über einige Tritte oder Sprünge leicht nach außen zu stellen, um dann wieder weich eine normale Stellung zu geben. Dieses Umstellen sollte nur so weit gehen, dass der Mähnenkamm umspringt. Das lockert das Genick, was sich auf den ganzen Pferdekörper auswirkt.

Das tragfähige Pferd: die Früchte der Arbeit

In der Phase C geht es um die Entwicklung der Tragkraft. Das junge Pferd lässt sich nun problemlos stellen und biegen – es hat eine seitliche Balance gefunden. Mit dem ausbalancierten Pferd wird an der Durchlässigkeit gearbeitet, die nun erlaubt, Schwung zu entwickeln. Aus dem Schwung heraus kommt man allmählich zur versammelnden Arbeit.

Nun lernt das junge Pferd seine Hinterhand mehr unter den Schwerpunkt zu stellen, sie entwickelt Tragkraft. Die Balance festigt sich von hinten nach vorn. Der Schwung wird bei einem durchlässigen Pferd nach vorn abgefangen, das Pferd setzt die Hinterhand unter seinen Schwerpunkt, es senkt die Kruppe und richtet sich in der Vorhand auf. Es entsteht allmählich eine Versammlung in der „relativen Aufrichtung“. Die Gänge werden erhabener.

Schwung

Die Elemente Balance und Durchlässigkeit sind im Trainingsbaum eingefügt, weil sie besonders beachtet werden sollten. Ohne Erarbeitung dieser beiden Punkte ist kein Schwung zu entwickeln.

Schwung kommt aus der energisch untertretenden Hinterhand, die über den schwingenden Rücken die Vorwärtsbewegung des Pferdes beeinflusst. Der Reiter wird durch den Vorwärtsschub und den schwingenden Rücken quasi „in das Pferd hineingezogen“ und kommt dadurch zu einem tiefen Sitz. Schwung gibt es nur in den Gangarten, die eine Schwebephase haben. Im Schritt kann demnach kein Schwung entwickelt werden, weil das Pferd immer zwei oder drei Beine am Boden hat. Je mehr Schwung entwickelt werden kann, desto länger ist die Schwebephase. Durch mehr Schwung werden Trab und Galopp eleganter und ausdrucksvoller. Wenn ein Pferd keine sichere Anlehnung hat, sich nicht geraderichten lässt und nicht durchlässig ist, ist eine Schwungentwicklung nicht möglich.

Es ist immer wieder zu beobachten, dass oft sehr gute Pferde dazu gedrillt werden, „spektakuläre Verstärkungen“ zu zeigen, ohne dass sie die nötigen Grundlagen haben: Die Vorderbeine fliegen fast waagerecht in die Höhe, aber die Hinterbeine treten nicht genügend unter, weil der Rücken festgehalten wird. Infolgedessen wird der Reiter durchgeschüttelt. Das heißt, er kann die starke Trabbewegung nicht sitzen, weil der Pferderücken nicht mitschwingt. Da ist von Durchlässigkeit keine Spur.

Schwung darf nicht mit Gang verwechselt werden. Gang meint nur die angeborene Möglichkeit des Pferdes, sich zu bewegen. Schwung ist dagegen das Ergebnis reiterlicher Ausbildungsarbeit. Man nutzt zwar den natürlichen Gang des Pferdes, sorgt aber dafür, dass Losgelassenheit, Durchlässigkeit und Schub aus der Hinterhand hinzukommen.

Das heißt, dass Schwung nicht nur in den Verstärkungen vorhanden sein soll, sondern ganz besonders auch in der Versammlung.

Schwung ist nicht nur in den Verstärkungen wichtig, sondern sollte sich auch im Arbeitstempo an einer aktiven Hinterhand zeigen.

Wie bei allen vorangegangenen Punkten des Trainingsbaums sind auch hier der elastisch-geschmeidige Sitz und eine fein abgestimmte Hilfengebung des Reiters von größter Bedeutung.

Wenn Schwierigkeiten aufkommen, muss sich der Reiter immer wieder fragen, ob er alles richtig gemacht hat: Sitze ich entspannt oder verkrampfe ich mich, weil ich jetzt eine Verstärkung reiten soll? Liegen meine Schenkel richtig oder setze ich die Sporen ein, weil das Pferd nun verstärkt nach vorn gehen soll? Gebe ich die Zügelverbindung auf, weil ich eine Rahmenerweiterung erreichen möchte, und nehme dem Pferd dadurch die nötige Anlehnung? Losgelassenheit ist also nicht nur vom Pferd gefordert, sondern ganz besonders vom Reiter. Immer vorausgesetzt, dass sowohl Pferd als auch Reiter alle bisherigen Stufen der Ausbildung sicher und erfolgreich erarbeitet haben.

Losgelassenheit, Durchlässigkeit und Schub aus der Hinterhand ergeben Schwung. Das ist nur durch einen geschmeidigen Sitz und feine Hilfengebung des Reiters möglich.

Durch Schwung bekommen die Trabverstärkungen mehr Raumgriff und die Galoppverstärkungen gewinnen mehr Boden, weil die Hinterhand mehr Last aufnimmt und die Hinterbeine energischer abfußen. Die Aktion der Vorderbeine wird verbessert und die Schwebephase ausgeprägter.

In der Ruhe liegt der Schwung

Erarbeitet wird der Schwung auf gleiche Weise wie die Durchlässigkeit. Ist das Pferd

Der Reiter darf sich bei dieser heftig nach vorn strömenden Bewegung des Pferdes nicht verkrampfen – er würde das Pferd stören! (Zeichnung: Krumm)

ausbalanciert und durchlässig, wird es auch schwungvoll gehen.

Vermehrtes, aber ruhiges Treiben zusammen mit einer elastischen, gefühlvollen Reiterhand, die den Vortritt der Hinterhand nicht behindert, fördert die Entwicklung des Schwungs. Man beginnt am besten auf dem Zirkel im frischen Arbeitstrab. Allmählich werden die treibenden Hilfen gesteigert, während mit den Ringfingern der Zügelfäuste das Pferd immer wieder zurückgenommen wird. Das Pferd wird quasi „zurückgewinkt". Das Tempo darf sich nicht erhöhen. Gibt es Taktstörungen, gespannte Tritte oder Sprünge oder wird das Pferd eiliger und läuft davon, ist das fehlerhaft. Dann muss man seine Ansprüche wieder zurücknehmen und an der Durchlässigkeit arbeiten.

Auch wenn keine Rahmenerweiterung zu erreichen ist, das Pferd gar auf die Vorhand kommt oder sich ausbalancieren muss, indem es mit den Hinterfüßen breit tritt, ist in jedem Fall der Fehler in der bisherigen Grundausbildung zu suchen.

Das schwungvoll gehende Pferd schwingt im Rücken und lässt den Reiter gut sitzen. Es wird nicht eiliger.

Versammlung

Kein Pferd bewegt sich im versammelten Trab oder Galopp über längere Strecken auf der Weide. Die versammelten Gänge, wie sie in der Ausbildung verstanden werden, sind dem Pferd nicht angeboren. Nur durch konsequente reiterliche Ausbildung ist eine Versammlung zu erreichen.

Unter Versammlung wird die Entwicklung der Tragkraft verstanden. Bei gesenkter Kruppe beugen sich die Gelenke der Hinterhand mehr und nehmen mehr Last auf. Dadurch wird die Vorhand freier und richtet sich auf. Beobachtet man die Oberlinie des Pferdes, scheint es bergauf zu gehen. Die Hufe fußen energischer ab, sodass der Bogen, den die Hufe über der Erde beschreiben, höher wird und das Pferd nicht mehr so viel Boden gewinnt. Mit langsamem Tempo hat Versammlung nichts zu tun. Der Rahmen des Pferdes schiebt sich zusammen. Das Pferd darf sich aber nur so viel aufrichten, wie sich die Hinterhand senkt, damit die relative Aufrichtung erreicht wird. Vom Reiter wird also sehr viel Sachkenntnis, Können und Einfühlungsvermögen verlangt.

Beinahe jedes Pferd kann Dressurlektionen lernen, aber nicht jedes Pferd ist ein Dressurpferd. Ob sich ein Pferd für die Versammlung eignet, hängt von seinem Körperbau und seiner psychischen Veranlagung ab.

Die Perfektion der Versammlung ist nicht das Ziel der Grundausbildung, sondern Thema der Dressurspezialisten. Bis zu Klasse L ist nur eine beginnende Versammlung gefordert – es wäre schön, wenn die Richter auf Turnieren dies auch so sehen würden.

Gelungene Versammlung kann nur erreicht werden, wenn alle bisherigen Punkte der Ausbildungsskala beziehungsweise des Trainingsbaums sicher erarbeitet worden sind. Sollte es Defizite geben, werden sie nun sichtbar, und man muss einige Schritte zurückgehen und die Versammlung neu aufbauen.

Ganz wichtig ist, dass das Pferd auch in der Versammlung locker und mit schwingendem Rücken geht. Die Anlehnung wird leichter, das heißt, je mehr das Pferd versammelt wird, desto leichter muss es in der Hand werden. Die Reinheit der Gänge muss in der Versammlung erhalten bleiben. Die Schritte (versammelter Schritt kommt nur in den höheren Klassen vor), Tritte und Sprünge werden erhabener und kürzer, sie zeigen mehr Kadenz. Es sieht alles ganz leicht und tänzerisch aus, denn Reiter und Pferd zeigen ein Bild der Harmonie.

Weil das Pferd in der Versammlung die Kruppe senkt und die Beine höher hebt, gewinnt es weniger an Boden. In Versammlung reiten hat mit „langsam reiten“ nichts zu tun!

Eine Versammlung wird immer von hinten nach vorn erarbeitet. Man engagiert die Hinterhand gegen eine feinfühlige Reiterhand. Egon von Neindorff sprach von der „freundlichen“ Reiterhand. Das Pferd soll sich am Gebiss abstoßen.

Durch eine Kandare kann keine Versammlung erzwungen werden. Sie dient ausschließlich der Feinabstimmung in der Hilfengebung. Stimmen die Kriterien, die für eine beginnende versammelnde Arbeit nötig sind (noch) nicht, nutzt auch eine Kandare nichts – sie ist dann schädlich und führt zur „absoluten Aufrichtung“. Diese Art der Aufrichtung wird nur mit der Hand und dem Hebelgebiss der Kandare erzwungen. Das Pferd trägt sich nicht selbst, stattdessen werden Kopf und Hals in die Höhe gezerrt, das Pferd drückt den Rücken weg und die Hinterbeine treten nach hinten heraus. Das Pferd wirkt sehr unzufrieden. Von Versammlung kann da nichts zu erkennen sein.

Mit Gefühl zur Kadenz

Um eine beginnende Versammlung zu erarbeiten, sind außer deutlichen Tempounterschieden innerhalb einer Gangart die Übergänge von einer zur anderen Gangart von größter Wichtigkeit. Diese sind schwieriger zu reiten, als man annehmen sollte.

Die beginnende Kadenz zeigt sich daran, dass die Tritte erhabener werden.

Es ändert sich nicht nur die Kadenz, sondern auch der Takt. Vom Reiter wird sehr viel Gefühl verlangt, denn er muss den Augenblick zur Gangartänderung herausfühlen, in dem das Pferd auch in der Lage ist, vom letzten Schritt zum ersten Trabtritt oder vom letzten Trabtritt zum ersten Galoppsprung ohne ein Zögern zu wechseln. Das Hinterbein kann nur in dem Moment weit unter den Schwerpunkt greifen, wenn es nicht belastet am Boden steht.

Wenn man zum Beispiel aus dem Schritt rechts angaloppieren möchte, muss man den Augenblick herausfühlen, in dem das rechte, also innere Hinterbein in der Stützphase die ganze Last trägt. Nur dann kann das linke Hinterbein vorschwingen und damit den Rechtsgalopp einleiten. Verpasst man diesen Moment, kann das Pferd gar nicht in einen gesetzten Galopp springen. Es wird anzackeln, bis es das tragende Bein einsetzen und erst dann im Rechtsgalopp angaloppieren kann. Für eine Versammlung ist es aber nötig, das entsprechende Hinterbein sofort nach vorn treten zu lassen. Die Übergänge von einer zur anderen Gangart müssen immer wieder geübt werden. Ein gut sitzender Reiter wird bald ein sicheres Gefühl entwickeln, wann die nötige Hilfe gegeben werden muss.

> Ohne geschmeidige, durchlässige Übergänge in korrekter Fußfolge kann keine Versammlung erarbeitet werden.

Man beginnt am besten mit immer deutlicheren Tempounterschieden im Trab oder Galopp. Das heißt, dass die halben Paraden jetzt wirklich durchkommen müssen und das Pferd nun dadurch von hinten nach vorn zusammengeschoben wird. Ohne Takt- und Schwungverlust sollen die Tritte und Sprünge länger nach vorn schwingen, um gleich darauf kürzer und erhabener zu werden. Auf der Zirkellinie ist es anfangs für das Pferd am leichtesten, weil der innere Hinterfuß in der Biegung leichter unter den Schwerpunkt fußen kann. Voraussetzung ist aber, dass der innere Zügel den Vortritt nicht blockiert, indem er zu stramm ansteht. Man führt also deutlich am äußeren Zügel.

Gelingt das zur Zufriedenheit, wird der Zirkel verkleinert. In angedeuteter Traversbiegung führt man das Pferd in versammelnden Tritten oder Sprüngen in den Zirkel hinein und vergrößert ihn wieder im angedeuteten Schulterherein. Man sollte den Zirkel mit nur wenigen Runden verkleinern und vergrößern, um die Versammlung nicht zu lange andauern zu lassen. Hat man den Hufschlag wieder erreicht, wird das Pferd gerade gestellt und in einer Verstärkung ganze Bahn geritten. Im Anschluss daran muss eine deutliche halbe Parade erfolgen, damit das Pferd wieder den Zirkel in traversartiger Versammlung verkleinern kann. Wenn diese Lektion korrekt ausgeführt worden ist, wird man feststellen, dass der Antritt zur Verstärkung nun viel stärker und schwungvoller geworden ist. Weil diese Übung für das Pferd sehr anstrengend ist, muss man sich zu Beginn mit wenigen Versuchen begnügen. Danach ist eine Schrittpause mit viel Lob einzulegen.

Ganze Paraden aus dem Trab und Galopp fördern ebenfalls die Versammlung, wenn sie locker und leicht gelingen. Kann man nach einer guten ganzen Parade aus dem Trab korrekt mit leichter Hand rückwärtsrichten und ohne einen Zwischentritt im Schritt sofort in derselben Fußfolge des Rückwärtsrichtens antraben, so ist das eine sehr gute versammelnde Übung, die auch noch eine absolute Durchlässigkeit bestätigt.

Auch häufiges Angaloppieren aus dem Schritt und einfache Galoppwechsel fördern die Versammlung. Dabei kann man sich überlegen, wie viele Galoppsprünge das Pferd machen soll. Gleich nachdem es den ersten Sprung getan hat, gibt man eine halbe Parade, um das Pferd mehr zu setzen. Anfangs erlaubt man mehrere Sprünge, um dann in immer kürzeren Intervallen wieder in den Schritt durchzuparieren. Dabei darf es nicht zu Blockaden kommen.

Dann geht man dazu über, Rechts- und Linksgalopp abwechseln zu lassen, also einfache Galoppwechsel zu reiten. Dabei muss immer auf eine korrekte Schrittphase geachtet werden. Den Außengalopp legt man anfangs auf die gerade Linie, bis man dazu übergehen kann, eine Ecke im Kontergalopp zu durchreiten. Der Kontergalopp ist eine versammelnde Übung, die in der Dressurklasse L die beginnende Versammlung dokumentiert.

Auf Turnieren ist der gesetzte und durchgesprungene Kontergalopp in der Klasse L von entscheidender Wichtigkeit.

Für den Außengalopp durch eine Ecke oder auf einem Zirkel muss bereits eine gefestigte Versammlung bestehen. Macht sich das Pferd bei dieser Übung fest oder verwirft sich im Genick, müssen die Anforderungen zurückgenommen werden, bis sich Balance und Durchlässigkeit verbessert haben. Gleiches gilt für die Acht-Meter-Volten: Wenn sie ohne Taktstörungen und Schwungverlust und ohne Verwerfen gelingen, ist eine recht gute Versammlung erreicht.

Im Kontergalopp durch eine Ecke behält das Pferd die Stellung des Handgalopps. Es ist wichtig, dass das Pferd den Galopp gut durchspringt! Das heißt, dass das Pferd mit den Hinterbeinen genügend untergreift und den Galoppsprung taktrein und schwungvoll springt.

Hinterhand- und Kurzkehrtwendungen dienen ebenfalls zur Überprüfung der Versammlungsfähigkeit: Die Hinterbeine treten bei leicht gesenkter Kruppe taktmäßig in der Schrittfußfolge mit ohne zu kreuzen, während die Vorderbeine über- und voreinandertreten, sie kreuzen also. Wenn dabei eine gleichmäßige Biegung durch das ganze Pferd geht und das lockere Genick den höchsten Punkt bildet, kann man zufrieden sein.

Die versammelnde Arbeit ist für das Pferd sehr anstrengend. Deshalb darf man niemals zu lange im versammelten Tempo reiten. Immer wieder muss nach einer Phase der Spannung eine Entspannung folgen.

Bei Hinterhandwendung und Kurzkehrt treten die Hinterbeine in der Schrittfußfolge, die Vorderbeine treten vor- und übereinander.

Es ist wie mit einer Spiralfeder: Man kann sie nur eine Zeit lang mit den Händen zusammenpressen, dann muss man loslassen und die Feder schnellt auseinander. Also muss nach versammelnden Lektionen immer wieder der Schwung nach vorn herausgelassen

Sehr lange kann man die Spannung nicht halten, dann muss man loslassen! (Zeichnung: Krumm)

werden, indem Mitteltrab oder -galopp geritten wird. Stellen sich dann Taktfehler ein, so weiß man, dass die Versammlung noch nicht korrekt war. Dann muss erneut an der Geraderichtung, an der Durchlässigkeit und am Schwung gearbeitet werden. Erst dann kann man wieder an Versammlung denken.

Zu lange oder gar verbissen an der Versammlung zu arbeiten führt unweigerlich zu Verspannungen und Blockaden. Versammlung lässt sich nicht erzwingen.

Häufiges Zügel-aus-der-Hand-kauen-Lassen ist immer eine Belohnung nach einer anstrengenden Arbeitsphase. Es braucht eine ganze Weile, bis die Muskulatur eines Pferdes so weit gestärkt ist, dass eine Versammlung getragen und gehalten werden kann. Es hängt von der Nervenstärke und dem Gebäude jedes einzelnen Pferdes ab, wann es in der Lage ist, locker und leicht in Versammlung zu gehen.

Das regelmäßige Zügel-aus-der-Hand-kauen-Lassen ist eine wichtige Übung in allen Ausbildungsstadien und eine Belohnung nach einer anstrengenden Arbeitsphase.

Die Hangbahn – ein Wundermittel

Das Reiten im Gelände wird oft unterschätzt und vernachlässigt, weil es nach „Bummeln“ und „Nichtstun“ aussieht. Dabei ist es nicht nur eine willkommene Abwechslung für Reiter und Pferd, sondern man kann das gescheite und bewusste Reiten im Gelände gut in die Ausbildung eines Pferdes einbauen.

Die Arbeit auf einer Hangbahn ist eine sehr effektive Methode, sein Pferd zwanglos und ganz natürlich nahezu alle Punkte des Trainingsbaums und der Ausbildungsskala durchlaufen zu lassen. Wenn man nicht auf ein Gelände angewiesen ist, das völlig eben ist, sollte sich ein Fleckchen Erde finden lassen, das ein geringes Gefälle von etwa zehn Grad hat. Es könnte auch ein Stoppelfeld im Herbst sein, sofern der Eigentümer sein Einverständnis gegeben hat. Darauf richtet man sich ein großes Viereck mit zwei ebenen langen Seiten von ungefähr 60 bis 80 Metern und zwei ansteigenden beziehungsweise abfallenden kurzen Seiten ein, die zwischen 30 und 40 Metern lang sein sollten. Die Ecken werden stark abgerundet.

Auf der Hangbahn kann man alle elementaren Bahnfiguren wie Zirkel, Wechsel durch die ganze oder halbe Bahn, große Volten und Kehrtvolten reiten. Das Reiten von gebogenen Linien auf leicht ansteigendem und abfallendem Gelände hat einen sehr großen Trainingseffekt.

Auch auf der Hangbahn baut man langsam vom Leichten zum Schweren auf. Die Steigbügel werden um zwei Löcher gekürzt und man reitet im Entlastungssitz. Man beginnt im Schritt am langen Zügel. Das Pferd geht

Das Pferd versammelt sich am Hang mühelos selbst, die Reiterin sitzt im Entlastungssitz. Die anschließende gerade Ebene sorgt für Erholung.

mit langem Hals und vorwärts-abwärtsgesenkter Nase einen entspannten, taktreinen Mittelschritt. Mit den Unterschenkeln hält der Reiter einen steten Kontakt zum Pferd, während die Hände weich den Nickbewegungen folgen und eine gleichmäßige Verbindung zum Pferdemaul halten. Es ist nun nicht nötig, das Kreuz anzustellen oder verstärkte treibende Schenkelhilfen einzusetzen, denn das Pferd gibt von selbst den Rücken her. Es dehnt sich, wenn es bergauf geht, tritt mit der Hinterhand unter und schiebt sich damit zusammen, wenn es bergab geht. Das Pferd versammelt sich auf diese Weise ganz von selbst. Die Hinterhand wechselt zwischen Schubkraft und Tragkraft. Der Reiter muss sich nur noch in die Bewegung des Pferdes einfühlen und darf nicht stören. So lernt das Pferd seinen Schwerpunkt problemlos zu verlagern. Das fördert die Balance. Durch den ständigen Wechsel zwischen Dehnung und Versammlung werden Verspannungen im Hals- und Rückenbereich gelöst und die gewünschte Durchlässigkeit erreicht.

Nach einiger Zeit sollte das Pferd im gleichmäßigen, klaren Viertakt Mittelschritt auf den ebenen Strecken, starken Schritt bergauf und versammelten Schritt bergab gehen. Wichtig ist, dass das Pferd bergab allein das Tempo verlangsamt und stärker untertritt. Dieses Untertreten ist das Hauptziel der Arbeit auf der Hangbahn.

Eine gute Überprüfung der Durchlässigkeit besteht darin, das Pferd auf der Bergabstrecke rückwärtszurichten. Das Pferd sollte ebenso wie auf dem Reitplatz oder in der Halle den minimalen Hilfen des Reiters folgen. Es muss ohne jeden Widerstand im Genick oder Maul geschmeidig in diagonaler Fußfolge auf gerader Linie zurücktreten. Dabei muss das Pferd seine Bauchmuskulatur anspannen, um den Rücken aufzuwölben. Die Hinterhand

Bereits im Schritt zeigt sich der gymnastizierende Wert des Bergauf- und Bergabreitens: Bergauf muss die Pferdenase nach vorn gehen dürfen, die Hinterhand schiebt – das Pferd macht sich lang. Beim Bergabreiten treten die Hinterfüße mehr unter den Schwerpunkt und die Nase nähert sich der Senkrechten – das Pferd schiebt sich von selbst zusammen.

ist extrem untergesetzt. Diese Lektion erfordert einige Übung, bis das Pferd begriffen hat, was von ihm verlangt wird. Da darf der Reiter nicht ungeduldig werden und grobe Hilfen einsetzen. Immer neue kleine Versuche werden den erwünschten Erfolg bringen.

Bevor man auf der Hangbahn mit der Trabarbeit beginnt, die im Entlastungssitz oder sogar im leichten Sitz geritten wird, muss der Schritt gefestigt sein. Anfangs können beim Bergabreiten im Trab gelegentlich leichte halbe Paraden nötig sein, um zu verhindern, dass das Pferd eiliger wird.

Für die Arbeit im Trab gilt das Gleiche wie für den Schritt: Der Trab soll taktmäßig und rhythmisch im Arbeitstempo sein. Die Tritte verlängern sich bergauf und werden kürzer und versammelter bergab. Der Takt muss in jedem Fall erhalten bleiben.

Im Galopp geht man auf dieselbe Weise vor: Ist der Trab gefestigt, kann mit der Galopparbeit begonnen werden. Der Galopp auf der Hangbahn ist die schwierigste, aber effektivste Übung. Die Muskulatur und die Sprunggelenke werden stark beansprucht, weil die Hinterbeine weit unterspringen müssen, wenn das Pferd bergab galoppiert. Deswegen sollte man mit kurzen Galoppreprisen beginnen und immer wieder eine Pause am hingegebenen Zügel einlegen. Wenn nach einiger Zeit das Pferd ruhig und taktmäßig bergauf die Sprünge verlängert, sie bergab verkürzt und dabei den Rhythmus hält, können Reiter und Pferd zufrieden sein: Sie haben gute Arbeit geleistet.

In der Halle fallen dem Pferd Balance und Versammlung leichter, die Durchlässigkeit ist verbessert und die Gehfreude ist größer.

Klappt die Arbeit an der Hangbahn im Schritt sicher, kann der Trainingseffekt im Trab noch gesteigert werden.

Schlussbemerkung

Nach zwei bis zweieinhalb Jahren systematischer Ausbildung sollte ein junges Pferd:

- sich unter dem Reiter losgelassen, taktrein und schwungvoll in sicherer Anlehnung und in einer gewissen Versammlungsfähigkeit bewegen;
- sicher im Gelände zu reiten sein und dabei auch kein Wasser scheuen;
- einen kleinen Parcours in guter Manier, sicherer Anlehnung und geregeltem Tempo absolvieren.

Nun ist das Pferd je nach Veranlagung, die sich nach dieser Zeit herausgestellt hat, bereit für seine weitere Ausbildung in einer Spezialdisziplin, sei es Dressur, Springen oder Vielseitigkeit. Wer meint, diese Grundausbildung abkürzen zu können, tut dies auf Kosten der Gesundheit des Pferdes und letztlich auch der Qualität des Ausbildungsstandes. Ein Pferd braucht Zeit, bis Muskeln aufgebaut werden und die psychische Bereitschaft zur Mitarbeit gefestigt ist. So kommt es leider häufig vor, dass junge Pferde mit hervorragender Rittigkeit zunächst mit „Orden“ ausgezeichnet werden, dann jedoch schon nach kurzer Zeit von der Bildfläche verschwinden.

Ohne die ersten Punkte des Trainingsbaums wäre nicht einmal das Spazierenreiten eine Freude für Reiter und Pferd. Losgelassenheit, Takt, Ungebundenheit der Gänge und Anlehnung sind als Gewöhnungsphase die Basis jeglicher Betätigung im Sattel. Eine sichere Anlehnung muss vorhanden sein, damit das Pferd konstant und fein an die Hilfen gestellt werden kann. Nur dann kann es geradegerichtet werden und sich immer mehr ausbalancieren. Dies wiederum ist die Grundlage für die Verfeinerung der Durchlässigkeit, aus der heraus zunächst der Schwung und schließlich die Versammlung erarbeitet werden können.

In jeder Trainingseinheit durchläuft man diese Punkte des Trainingsbaums: Man beginnt mit der Aufwärmphase, in der sich durch lösende Übungen Takt, Losgelassenheit und Ungebundenheit der Gänge ergeben und das Pferd eine sichere Anlehnung an die Reiterhand sucht. Bei Pferden, die die Grundausbildung abgeschlossen haben, ist das fast eine Einheit. Erst dann wird weitergearbeitet, sauber Punkt für Punkt. Man kann eben nicht gleich nach der Lösungsphase eine Versammlung verlangen.

Es ist nicht sinnvoll, jeden Tag das „ganze Programm“ vom Pferd zu fordern. Auch das gehfreudigste Pferd würde sehr bald die Lust verlieren, sauer werden und sich womöglich widersetzen. Der einfühlsame Reiter begnügt sich manchmal damit, nur die ersten Elemente des Trainingsbaums abzufordern, begnügt sich also mit Takt, Losgelassenheit, Ungebundenheit der Gänge und Anlehnung.

Vielleicht war der Tag zuvor anstrengend für das Pferd? Vielleicht ist der Reiter nicht fit? Dann ist es allemal besser, ein kleines Programm kurz und gut zu reiten als ein großes lange und schlecht. Ein Spazierritt im Gelände, richtiges Longieren oder Freispringen bewirken dann Wunder.

Die Achtung vor dem Pferd, seinen Bedürfnissen und die Liebe zu ihm müssen wie eine Überschrift über dem Umgang und der Ausbildung des Pferdes stehen. Unterricht und Unterstützung durch einen erfahrenen Ausbilder müssten selbstverständlich sein. Dem Reiter sollte es ein Bedürfnis sein, sein Pferd lange gesund zu erhalten und es nicht vorzeitig zu verschleißen. Dann wird er eine lange und schöne Zeit mit seinem Partner Pferd verbringen können.

Anhang

Tipps zum Weiterlesen

Hagen, Anne-Katrin:
Erste Dressurübungen.
Grundausbildung für Reiter und Pferd.
Schwarzenbek: Cadmos, 2010.

Kunz, Michael:
Dressurlektionen von A bis L.
Fehler erkennen, Fehler korrigieren.
Brunsbek: Cadmos, 2006.

Steinbrecht, Gustav:
Das Gymnasium des Pferdes.
Schwarzenbek: Cadmos, 2001.

Ziegner, Kurd Albrecht von:
Elemente der Ausbildung.
Leitfaden für den Bereiter junger Pferde.
Schwarzenbek: Cadmos, 2001.

Danke

Verlag und Autorin bedanken sich bei Ulrike Maak, Trainerin auf Gut Hasenthal in Geesthacht bei Hamburg, und ihren Schülerinnen Carmen Le Ruyet, Sophia Murzen, Daniela Schulze, Franziska Stein und Lena Waldhecker für die geduldige Mitwirkung bei der Fotoproduktion.

Register

CADMOS PFERDEBÜCHER

Anne-Katrin Hagen

Erste Dressurübungen

Die Dressurausbildung von Reiter und Pferd ist die Basis für gutes Reiten in jeder Disziplin. Dieses Buch beschreibt anschaulich die Grundlagen vom korrekten Sitz über die Hilfengebung bis zur sinnvollen und pferdegerechten Gymnastizierung. Auch fortgeschrittene Reiter profitieren von den sachkundigen Ausführungen, die dabei helfen, das Pferd in ein gesundes Gleichgewicht unter dem Sattel zu bringen und es damit auf schwierigere Dressurlektionen vorzubereiten.

80 Seiten · farbig · broschiert
ISBN 978-3-86127-573-2

Johannes Beck-Broichsitter

Seitwärts unterwegs

Das erste Buch ausschließlich über die Seitengänge stellt diese wichtigen Übungen als unverzichtbare Elemente einer klassischen, pferdegerechten Dressurausbildung dar. Vorübungen helfen, Schwierigkeiten bei der Erarbeitung gar nicht erst entstehen zu lassen. Sollten sie dennoch auftreten, hält der Autor aus der Praxis gewonnene Lösungsmöglichkeiten bereit. So können sich Reiter und Pferd erfolgreich diesen gymnastizierenden Dressurlektionen widmen.

128 Seiten · farbig · gebunden
ISBN 978-3-86127-458-2

Michael Kunz

Dressurlektionen von A – L

Dieses Buch widmet sich ausführlich den wichtigsten Dressurlektionen der Klassen A bis L, beschreibt detailliert und verständlich ihre korrekte Ausführung, typische Fehler und effektive Wege zur Korrektur. Außerdem erklärt es den theoretischen Hintergrund der Lektionen und verdeutlicht ihre Funktion für die Ausbildung eines Pferdes im Sinne der klassischen Dressur. Ein unentbehrliches Werk für Reiter, Ausbilder und Turnierrichter.

128 Seiten · farbig · gebunden
ISBN 978-3-86127-428-5

Clarissa L. Busch

Pferdetraining nach Dressurprotokoll

Für viele Reiter sind Kommentare aus Dressurprotokollen nichts mehr als schnell gefällte Richterurteile – da-bei bieten sie die Chance, eigene Schwachstellen zu erkennen und das Training so zu gestalten, dass die Benotung beim nächsten Turnier zufriedenstellender ausfällt. In diesem Buch werden die typischen Protokollkommentare erklärt, bevor konkrete Hilfestellungen den Weg aufzeigen, um die Leistungen zu verbessern.

192 Seiten · farbig · gebunden
ISBN 978-3-86127-430-8

Kurd Albrecht von Ziegner

Elemente der Ausbildung

Die Ausbildung eines Pferdes ist eine faszinierende Aufgabe und zugleich eine große Herausforderung. Der international anerkannte Ausbilder Kurd Albrecht von Ziegner beschreibt in diesem Buch, dass es nicht nur auf reiterliches Können, sondern auch auf viel Selbstdisziplin, Feingefühl und Takt ankommt, um ein Pferd zur ersten Losgelassenheit zu bringen und nach und nach bis hin zu den schweren Dressurlektionen zu schulen.

144 Seiten · farbig · gebunden
ISBN 978-3-86127-365-3

Cadmos Verlag GmbH · Möllner Straße 47 · 21493 Schwarzenbek
Tel. 04151-87 90 7-0 · Fax 04151-87 90 7-12
Besuchen Sie uns im Internet: **www.cadmos.de**

CADMOS